明解
微分方程式

改訂版

長崎憲一・中村正彰・横山利章 共著

培風館

本書の無断複写は，著作権法上での例外を除き，禁じられています。
本書を複写される場合は，その都度当社の許諾を得てください。

まえがき

　この本は，大学において，理工系に限らず文系を含めて，初めて微分方程式を学ぶ学生を対象とした入門書として1997年に刊行された「明解 微分方程式」の改訂版である．教科書として用いられる場合には，1セメスターつまり半年間週1回の講義で教えられることを想定している．

　近年のゆとり教育によって，小学校算数の一部は中学校に，中学校数学の一部は高校に送られたおかげで，高校で学習する内容は増えたのに，数学の授業時間は十分には用意されていないため，高校における数学を消化しきれない学生が増えている．また，大学入試の多様化によって一部の理工系学部では数学IIIを履修していないまま入学してくる学生も現れている．その結果として，大学初年度においてかなり時間をかけ，基本的な内容に絞り込んだ微分積分の講義によっても，その理解と計算への習熟は十分になされていない場合が少なくない．このような状況のもとでの微分方程式の入門書として，初版と同じように取り扱う方程式を主に1階微分方程式と定数係数2階線形微分方程式に絞り込み，微分方程式とは何であるかが的確に理解できるように，またその解法を容易に習得できるようにより丁寧かつより具体的に説明することを心掛けた．さらに，改訂にあたっては次のような点に一層の注意を払ったつもりである．

- 微分積分で学習した事項，たとえば初等関数の微分公式，積分公式などは初めにまとめて示したほか，すぐに参照できるように巻末にも公式集として掲げた．
- 面倒な計算が本質の理解の妨げとなることがないように，例，演習問題などで必要になる計算はより単純になるようにした．
- 微分方程式の解法に習熟するために，同時に微分積分の計算の復習もかねて，十分な量の演習問題を各節に用意した．
- 学習する内容がすぐわかるように，1つの話題はページの最初から初めて，できるだけ1ページまたは見開きの2ページで完結するようにした．
- 必要とする数学的前提を極力少なくした．実際，高校の微分積分のほかには，2変数関数の偏微分・全微分 (§4)，行列式の性質 (§5, §7) と2次正方行列の対角化 (§12) に関する一定の知識があれば，内容の理解に困難を感じないはずである．

ここで，この本の構成について簡単に述べておく．第1章では，微分方程式に関する基本的事項を示すと同時に，いくつかの簡単な例を挙げる．第2章では，標準的な1階微分方程式 (変数分離形・線形・完全微分形) を取り上げ，その解法を示す．第3章では，線形微分方程式を扱う．その中心である定数係数2階線形微分方程式では，複素数の指数関数を簡潔に導入し，特性方程式，特性根と同次方程式の基本解，一般解との関係を説明する．一般的な基本定理に頼らずに，初期値問題の解の存在・一意性を示す．また，非同次方程式の未定係数法による解法を高階定数係数線形微分方程式との関係で説明し，定数変化法による処理法も紹介する．なお，変数係数2階線形微分方程式については特殊なタイプのものだけを扱うことにとどめる．第4章では定数係数連立線形微分方程式を取り上げ，2階線形微分方程式に変換する解法とともに，大学初年級に学習する線形代数の良き応用例として，行列の対角化を利用した未知関数の変換による解法を示す．

　この本によって学んだことが，これから様々な専門分野で出会うことになる微分方程式およびその解が表す意味を考察する際の一助になれば幸いである．

　終わりに，編集・校正において辛抱強くお世話くださった培風館編集部の木村博信氏に心から御礼申し上げる次第である．

2003年6月

長崎 憲一
中村 正彰
横山 利章

目 次

第1章 序論 ... 1
　§1　微分方程式入門 ... 1

第2章 1階微分方程式 ... 9
　§2　変数分離形微分方程式 ... 9
　§3　1階線形微分方程式 ... 17
　§4　完全微分形方程式 ... 27

第3章 2階線形微分方程式 ... 31
　§5　同次方程式の一般解 ... 31
　§6　同次方程式の初期値問題 ... 42
　§7　定数係数高階同次線形微分方程式の解 ... 50
　§8　非同次方程式の解：未定係数法 ... 54
　§9　非同次方程式の解：定数変化法 ... 62
　§10　変数係数線形方程式 ... 67

第4章 1階連立線形微分方程式 ... 75
　§11　高階線形微分方程式への変換 ... 75
　§12　行列の対角化の応用 ... 82

演習問題の解答 ... 89

公式集 ... 97

索 引 ... 103

第1章
序論

§1 微分方程式入門

微分方程式 x を変数とする未知の関数 $y(x)$ に関する条件で, $y(x)$ の1階あるいは高階の導関数 $y' = \dfrac{dy}{dx}, y'' = \dfrac{d^2y}{dx^2}$ などを含んだ関係式, たとえば

$$y' = 2xe^{-y} \tag{1.1}$$
$$y'' + 3y' - 10y = 0 \tag{1.2}$$

などを関数 $y(x)$ に関する**微分方程式**という.

微分方程式を満足する関数 $y(x)$ をその**解**という. たとえば, $y = \log(x^2 + 1)$ は (1.1) の解であり, $y = 3e^{2x}, y = e^{-5x}$ はいずれも (1.2) の解である.

しかし, (1.1), (1.2) の解はこれらの関数に限らない. 実際,

$$y = \log(x^2 + C_1), \qquad y = C_2 e^{2x} + C_3 e^{-5x} \tag{1.3}$$

(C_1, C_2, C_3 は任意定数) はそれぞれ (1.1), (1.2) の解であり, 逆に (1.1), (1.2) の任意の解は定数 C_1, C_2, C_3 を適当に選ぶことによって, (1.3) の形の関数で得られる. このような意味で任意定数を含んだ解を微分方程式の**一般解**という. 一方, 一般解の任意定数に特定の値を与えて得られる個々の解を**特殊解**という.

微分方程式の解 $y(x)$ を x の具体的な式で表すか, または y の導関数を含まない x と y だけの関係式を導くことを**微分方程式を解く**という.

また, 微分方程式に含まれる導関数の最高微分階数をその微分方程式の**階数**という. たとえば, (1.1) は 1 階微分方程式, (1.2) は 2 階微分方程式である.

微分方程式で記述される例 物理学,特に力学はいうに及ばず,化学,生物学をも含めた自然科学,および工学全般において,現象を支配する法則を数学的に表現すると微分方程式の形になることが多い.また最近では,社会科学においても,微分方程式を適用した数学的モデル作りが盛んである.

ここで,微分方程式を用いて表される簡単な現象の例をいくつか取り上げてみよう.ただし,以下の例では独立変数が時間であるから,習慣にしたがって変数 x の代わりに t を用いることにする.

例 1. 真空中で,時刻 0 において高さ h にある質量 m の物体が,静止状態から落下を始めたとき,時刻 t における物体の位置 (高さ) y は,時間 t の関数 $y(t)$ とみなせる.

地球の表面では重力加速度 g はほぼ一定 (約 $9.8\ m/s^2$) であり,物体に加わる重力は mg であるから,運動方程式

$$m\frac{d^2y}{dt^2} = -mg \quad から \quad \frac{d^2y}{dt^2} = -g \tag{1.4}$$

が成り立つ.また,時刻 0 における物体の状態から

$$y(0) = h, \quad y'(0) = 0 \tag{1.5}$$

である.

(1.4) を t に関して 2 回積分すると,

$$y(t) = -\frac{1}{2}gt^2 + C_1 t + C_2$$

となるが,(1.5) によって任意定数 C_1, C_2 を決めると

$$y(t) = h - \frac{1}{2}gt^2$$

が得られる.この結果から,時刻 t におけるこの物体の位置および地表に達するまでの時間などがわかることになる.

一般に,微分方程式に対して,(1.5) のように独立変数の一定の値に対する未知関数 y およびその導関数 y' などの値を指定する付帯条件を**初期条件**といい,初期条件がついた微分方程式を**初期値問題**という.

§1 微分方程式入門

例 2. 放射性物質が単位時間に崩壊する量 (原子の個数) は, 現在量 (その時点の原子の個数) に比例することがわかっている. したがって, 時刻 t における放射性物質の量を $y(t)$ と表し, 比例定数 (崩壊する割合) を k (k は正の数) とすると

$$\frac{dy}{dt} = -ky \tag{1.6}$$

が成り立つ.

時刻 0 における放射性物質の量を y_0 とすると, 初期条件 $y(0) = y_0$ を満たす (1.6) の解を求めることによって, 時刻 t において残っている放射性物質の量を知ることができる. (1.6) は変数分離形と呼ばれる 1 階微分方程式であり, その解法は第 2 章で扱う.

例 3. 水平面上で, バネに結び付けられている質量 m の物体の直線運動を考える. ただし面と物体の間の摩擦はないものとする.

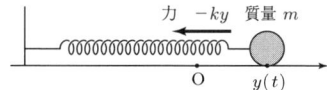

平衡状態 (ばねが自然の長さの状態) における物体の位置を O とし, 時刻 t における O からの変位 (ズレ) を $y(t)$ とおく. フックの法則によると, 物体には変位に比例した力が変位の方向と逆の向きに働くから, バネの定数を k (k は正の数) とすると運動方程式は

$$m\frac{d^2y}{dt^2} = -ky$$

となる. ここで, $\omega = \sqrt{\dfrac{k}{m}}$ とおくと

$$\frac{d^2y}{dt^2} = -\omega^2 y \tag{1.7}$$

となるが, これは単振動の方程式と呼ばれる.

時刻 0 における物体の状態, つまり, 初期位置 $y(0)$ と初期速度 $y'(0)$ が与えられると, (1.7) の解は一通りに決まるので, この物体の運動 (単振動) がわかったことになる. (1.7) のような 2 階線形微分方程式は第 3 章で取り扱う.

微分方程式と曲線群 自然科学において現象を支配する法則を微分方程式で表現する例をみてきたが，ここでは今までに学んできた数学の世界において，微分方程式の別な見方を考えてみよう．

一般に，1階微分方程式の解は任意定数を1個含むが，この定数を変化させたとき，解が表す曲線 (解曲線) の全体は xy 平面全体を覆うことが多い．

例4. 微分方程式
$$y' = 2y$$
の一般解は
$$y = Ce^{2x} \qquad (1.8)$$
である．任意定数 C を実数全体で変化させると，(1.8) が表す曲線全体は xy 平面全体を覆う．

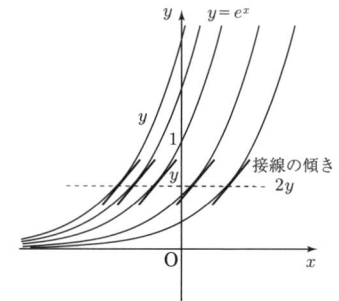

逆に，任意定数を含む xy 平面上の曲線の集まり (曲線群) が共通に満たす関係式として，微分方程式を捉える場合もある．

例5. 任意定数 C (ただし $C \geqq 0$) を含む曲線群
$$x^2 + y^2 = C \qquad (1.9)$$
を考える．この式は原点 O を中心とする半径 $\sqrt{C}$ の円を表していて，C が変化するとき，これらの円全体は xy 平面全体を覆う．

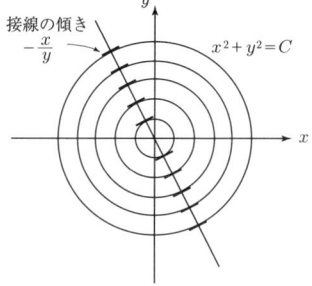

これらの円のすべてが満たす共通の微分方程式を導いてみよう．

(1.9) において，定数 C を決めると1つの円が定まり，その円上の点 (x, y) において y は x の関数とみなせる．そこで，(1.9) の両辺を x で微分すると，陰関数の微分公式によって
$$2x + 2yy' = 0 \quad \text{つまり} \quad y' = -\frac{x}{y}$$
が得られる．これが曲線群 (1.9) の満たす微分方程式である．

§1 微分方程式入門

例6. 任意定数 C を含む放物線群

$$y = Cx^2 \tag{1.10}$$

のすべてと直交するような曲線の満たす微分方程式を導いてみよう．ここで，2曲線が直交するとは，交点においてそれぞれの接線が直交することである．

定数 C を決めると1つの放物線が定まり，y は x の関数とみなせるから，x で微分すると

$$y' = 2Cx \tag{1.11}$$

となる．(1.10), (1.11) から C を消去すると

$$y' = \frac{2y}{x}$$

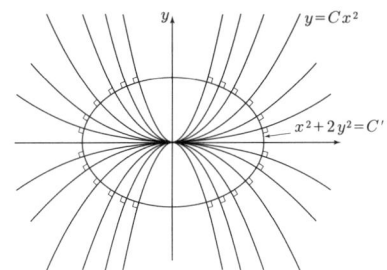

となる．これが放物線群 (1.10) の満たす微分方程式である．これより，放物線 (1.10) 上の点 (x, y) における接線の傾き y' は $\dfrac{2y}{x}$ に等しいことがわかる．

したがって，求める曲線上の点 (x, y) における接線の傾きは $-\dfrac{x}{2y}$ であり，求める曲線の満たす微分方程式として，

$$y' = -\frac{x}{2y}$$

が得られる．この微分方程式の解法は第2章で学ぶが，一般解は

$$x^2 + 2y^2 = C'$$

(C' は任意定数) であり，長軸と短軸の長さの比が $\sqrt{2} : 1$ である楕円群を表す．

例6からわかるように，1階微分方程式は，xy 平面上の点において，その点を通る解の接線の傾きを与える関係式である考えることもできる．さらに，この傾きを流れの向きとみなすと，微分方程式の解とはこの向きに沿った一つの流れと解釈することもできる．

微分積分からの準備　ここでは，この後の学習において必要となる微分積分における公式などを見直すことにする．

最初に，初等関数の微分についてまとめておこう．

初等関数の微分公式

ベキ乗関数　　$(x^n)' = nx^{n-1}$ (n は定数)

指数関数　　$(e^x)' = e^x$,　　対数関数　$(\log x)' = \dfrac{1}{x}$

三角関数　　$(\sin x)' = \cos x$,　$(\cos x)' = -\sin x$,　$(\tan x)' = \dfrac{1}{\cos^2 x}$

逆三角関数　$(\arcsin x)' = \dfrac{1}{\sqrt{1-x^2}}$,　　$(\arctan x)' = \dfrac{1}{x^2+1}$

さらに，a, b が定数のとき，
$$\{f(ax+b)\}' = af'(ax+b), \quad \text{特に} \quad \{f(ax)\}' = af'(ax)$$
であるから
$$\{(ax+b)^n\}' = na(ax+b)^{n-1}$$
$$(e^{ax})' = ae^{ax}, \quad (\sin ax)' = a\cos ax, \quad (\cos ax)' = -a\sin ax$$
なども成り立つ．

関数の積，商に関する微分公式は次の通りである．

積，商の微分公式

$$\{f(x)g(x)\}' = f'(x)g(x) + f(x)g'(x)$$

$$\left\{\dfrac{f(x)}{g(x)}\right\}' = \dfrac{f'(x)g(x) - f(x)g'(x)}{g(x)^2} \quad \text{ただし，} g(x) \neq 0 \text{ とする．}$$

つぎに，第 2 章で繰り返し用いられる合成関数の微分法に関して復習しておこう．

関数 $y = f(u)$ において u が x の関数 $u = g(x)$ のとき，$y = f(g(x))$ となるので，y は x の関数となる．これを $y = f(u)$ と $u = g(x)$ の合成関数といい，その微分に関しては次のことが成り立つ．

§1 微分方程式入門

合成関数の微分公式

$y = f(u), u = g(x)$ のとき, 合成関数 $y = f(g(x))$ に対して

$$\{f(g(x))\}' = f'(g(x))g'(x) \quad \text{すなわち} \quad \frac{dy}{dx} = \frac{dy}{du} \cdot \frac{du}{dx}$$

が成り立つ.

関数 $z = H(y)$ において, y が x の関数であるとき, z は x の関数であり, 上の微分公式で y が z に, u が y に置き換わったと考えると

$$\frac{dz}{dx} = \frac{dz}{dy} \cdot \frac{dy}{dx} \quad \text{すなわち} \quad \frac{d}{dx}H(y) = H'(y)\frac{dy}{dx} \tag{1.12}$$

が成り立つ. ここで, 特に $H(y) = \int h(y)\,dy$ とすると,

$$H'(y) = \frac{d}{dy}\int h(y)\,dy = h(y)$$

が成り立つので, (1.12) から

$$\frac{d}{dx}H(y) = h(y)\frac{dy}{dx} \tag{1.13}$$

が成り立つ. この関係式は §2 の変数分離形微分方程式の解法において用いられるのでまとめておこう.

---

y が x の関数であるとき, $H(y) = \int h(y)\,dy$ とすると

$$\frac{d}{dx}H(y) = h(y)\frac{dy}{dx}$$

が成り立つ.

また, (1.13) は x の関数として, $h(y)\dfrac{dy}{dx}$ の原始関数が $H(y) = \int h(y)\,dy$ であることを意味するから,

$$\int h(y)\frac{dy}{dx}\,dx = H(y) \quad \text{すなわち} \quad \int h(y)\frac{dy}{dx}\,dx = \int h(y)\,dy$$

が得られるが, これは置換積分の公式に他ならない.

初等関数の積分公式は次の通りである．

初等関数の積分公式

$$\int x^n \, dx = \frac{1}{n+1} x^{n+1} + C \ (n \text{ は定数}, n \neq -1)$$

$$\int e^x \, dx = e^x + C, \quad \int \frac{1}{x} \, dx = \log |x| + C$$

$$\int \sin x \, dx = -\cos x + C, \quad \int \cos x \, dx = \sin x + C, \quad \int \frac{1}{\cos^2 x} \, dx = \tan x + C$$

$$\int \frac{1}{\sqrt{1-x^2}} \, dx = \arcsin x + C, \quad \int \frac{1}{x^2+1} \, dx = \arctan x + C$$

また，$a \, (\neq 0), b$ が定数のとき，$\int f(x) \, dx = F(x) + C$ とすると，

$$\int f(ax+b) \, dx = \frac{1}{a} F(ax+b) + C, \quad \text{特に} \quad \int f(ax) \, dx = \frac{1}{a} F(ax) + C$$

であるから，次の各式も成り立つ．

$$\int e^{ax} \, dx = \frac{1}{a} e^{ax} + C, \ \int \sin ax \, dx = -\frac{1}{a} \cos ax + C, \ \int \cos ax \, dx = \frac{1}{a} \sin ax + C$$

また，部分積分の公式は次の通りである．

不定積分の部分積分法

$$\int f(x) g'(x) \, dx = f(x) g(x) - \int f'(x) g(x) \, dx$$

最後に，§2 以下の計算にしばしば必要となる積分公式を示しておく．

不定積分 $\int \dfrac{g'(x)}{g(x)} \, dx$

$$\int \frac{g'(x)}{g(x)} \, dx = \log |g(x)| + C$$

第2章
1階微分方程式

§2 変数分離形微分方程式

導入 微分方程式の解法のうちで, n 次方程式を解く, 変数変換を行う, 微分・積分を実行するなどの操作によって, 解を具体的に求める方法を**求積法**という. この章では求積法で解けるいくつかの典型的な1階微分方程式を取り扱う.

まず最初は, **変数分離形**微分方程式

$$y' = f(x)g(y) \quad \text{つまり} \quad \frac{dy}{dx} = f(x)g(y) \tag{2.1}$$

である. また, (2.1) において, $\dfrac{1}{g(y)}$ を $h(y)$ と置き換えて得られる次のような形の微分方程式

$$h(y)y' = f(x) \quad \text{つまり} \quad h(y)\frac{dy}{dx} = f(x)$$

も変数分離形である.

変数分離形方程式の例としては,

$$y' = 3x^2, \quad y' = (2x+1)y, \quad y' = e^{x-y}$$

などがある. 実際, 第1式では $f(x) = 3x^2$, $g(y) = 1$, 第2式では $f(x) = 2x+1$, $g(y) = y$, 第3式では $f(x) = e^x$, $g(y) = e^{-y}$ と考えると, (2.1) の形になっている.

解法 ここでは，変数分離形方程式 (2.1) の解の求め方を示す．

$g(y) \neq 0$ のもとで，(2.1) の両辺を $g(y)$ で割ると，

$$\frac{1}{g(y)}\frac{dy}{dx} = f(x) \tag{2.2}$$

となる．ここで，$G(y) = \displaystyle\int \frac{1}{g(y)} dy$ とおき，7 ページで示した (1.13) において $H(y) = \displaystyle\int h(y)\, dy$ が $G(y) = \displaystyle\int \frac{1}{g(y)} dy$ に置き換えられたと考えると，(2.2) は

$$\frac{d}{dx}G(y) = f(x)$$

と書き直される．この式は x の関数として $G(y)$ が $f(x)$ の原始関数であることを意味するから，(2.1) の解として，

$$G(y) = \int f(x)\, dx + C \quad \text{すなわち} \quad \int \frac{1}{g(y)}\, dy = \int f(x)\, dx + C \tag{2.3}$$

(C は任意定数) が得られる．

(2.3) で定まる 1 個の任意定数 C を含む x の関数 y が (2.1) の一般解である．ここで，(2.3) の両辺の積分が実行できて，y を x の関数として具体的に表現できるとは限らないが，(2.3) が得られれば，(2.1) は解けたという．

変数分離形微分方程式の解の公式

微分方程式 $y' = f(x)g(y)$ の解は

$$\int \frac{1}{g(y)}\, dy = \int f(x)\, dx + C \quad (C \text{ は任意定数})$$

で与えられる．

この結果は形式的には，(2.1) の両辺に $\dfrac{1}{g(y)}$ をかけた式 (2.2) で，分母 dx を払って，さらに積分記号 $\displaystyle\int$ を付け加えた式に等しく，見かけ上，左辺は y だけの，右辺は x だけの式である．その意味では変数が分離されている．

最後に，もし $g(y_0) = 0$ となる定数 y_0 が存在するときには，定数関数 $y = y_0$ は (2.1) を満たすので，$y = y_0$ も (2.1) の解の一つであることを注意しておく．

§2 変数分離形微分方程式

例 1. $y' = 3x^2$

両辺を x で積分すると, 一般解として

$$y = \int 3x^2 \, dx \quad \text{より} \quad y = x^3 + C$$

が得られる.

これと同様に, 微分方程式 $y' = f(x)$ (方程式 (2.1) で $g(y) = 1$ の場合) の解は

$$y = \int f(x) \, dx + C$$

である.

例 2. $y' = (2x+1)y$

両辺を $y \, (\neq 0)$ で割って, x で積分すると

$$\int \frac{1}{y} \, dy = \int (2x+1) \, dx \quad \text{より} \quad \log|y| = x^2 + x + C'$$

となる. これより, 一般解は次の通りである.

$$y = \pm e^{x^2+x+C'} = Ce^{x^2+x} \quad (C = \pm e^{C'} \text{ は任意定数})$$

この結果は $y \neq 0$ のもとで計算して得られたものであるから, 最後の式では $C \neq 0$ とするべきかもしれないが, $C = 0$ とおいたとき得られる $y = 0$ も解となっている. そこで, 簡潔に C を 0 を含む任意の定数とし, $y = Ce^{x^2+x}$ を一般解とした. 以下においても同様に処理することがある.

例 3. $y' = e^{x-y}$

右辺は $e^x e^{-y}$ であるから, 両辺に e^y を掛けて, x で積分すると,

$$\int e^y \, dy = \int e^x \, dx \quad \text{より} \quad e^y = e^x + C$$

となる. これを y について解くと, 一般解として

$$y = \log(e^x + C) \quad (C \text{ は任意定数})$$

が得られる.

初期値問題 1階微分方程式において, x_0, y_0 を与えられた定数として, 条件
$$y(x_0) = y_0 \tag{2.4}$$
を満たす解を求める問題がある. このような条件 (2.4) を**初期条件**といい, 初期条件を満たす解を求めることを**初期値問題**を解くという.

初期値問題の解, すなわち, 初期条件を満たす特殊解を求めるには, まず微分方程式の一般解を求め, そこに含まれる任意定数を初期条件を満たすような値に定めるとよい.

例 4. $y' = 2y, \quad y(0) = 1$

両辺を $y \, (\neq 0)$ で割って, x で積分すると

$$\int \frac{1}{y} \, dy = \int 2 \, dx$$

より

$$\log|y| = 2x + C'$$

となる. これより, 一般解は

$$y = \pm e^{2x+C'} = Ce^{2x}$$

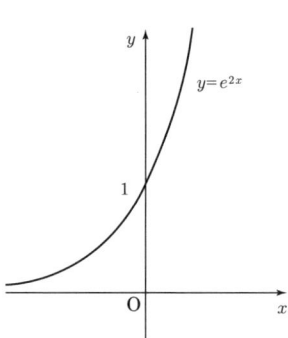

($C = \pm e^{C'}$ は任意定数) である. 初期条件 $y(0) = 1$ つまり $Ce^0 = 1$ より $C = 1$ であるから, 解は $y = e^{2x}$ である.

また, この方程式の初期条件 $y(0) = y_0$ を満たす解が $y = y_0 e^{2x}$ であることも同様にしてわかる. たとえば, $y(0) = -2$ を満たす解は $y = -2e^{2x}$ である.

例 5. $y' = y(1-y)$ において, それぞれ初期条件

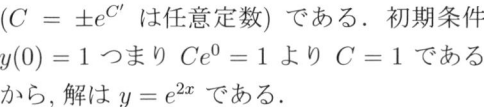

(1) $y(0) = \dfrac{1}{2}$, (2) $y(0) = 2$, (3) $y(0) = 1$

を満たす解を求めてみよう.

両辺を $y(1-y) \, (\neq 0)$ で割って, x で積分すると

$$\int \frac{1}{y(1-y)} \, dy = \int dx$$

§2 変数分離形微分方程式

となる．ここで，$\dfrac{1}{y(1-y)} = \dfrac{1}{y} - \dfrac{1}{y-1}$ と部分分数展開すると

$$\int \left(\dfrac{1}{y} - \dfrac{1}{y-1} \right) dy = \int dx \quad \text{より} \quad \log \left| \dfrac{y}{y-1} \right| = x + C'$$

となる．これより，

$$\dfrac{y}{y-1} = \pm e^{x+C'} = Ce^x \qquad (C = \pm e^{C'} \text{ は任意定数})$$

となるが，これを y について解くと，$y = \dfrac{Ce^x}{Ce^x - 1}$ が得られる．

（1）$y(0) = \dfrac{1}{2}$ つまり $\dfrac{C}{C-1} = \dfrac{1}{2}$ より $C = -1$ であるから，解は $y = \dfrac{e^x}{e^x + 1}$ である．

（2）$y(0) = 2$ つまり $\dfrac{C}{C-1} = 2$ より $C = 2$ であるから，解は $y = \dfrac{2e^x}{2e^x - 1}$ である．

（3）$y = 1$ のとき微分方程式の右辺は 0 となるから，$y = 1$ が解である．

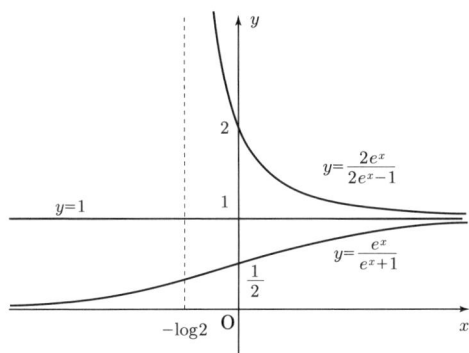

上の計算では，最初に $y(1-y)$ で割っているから，$y(1-y) = 0$ つまり $y = 0$, $y = 1$ である 2 つの解は別に取り扱うことになる．実際（3）では，$y = \dfrac{Ce^x}{Ce^x - 1}$ において，$y(0) = 1$ つまり $\dfrac{C}{C-1} = 1$ を満たす C を捜しても見つからない．

同次形微分方程式　簡単な変数変換によって，変数分離形方程式に変形できる微分方程式がある．その中で最もよく知られているのは，導関数 y' が $\dfrac{y}{x}$ だけの式で表されている，つまり

$$y' = f\left(\frac{y}{x}\right) \tag{2.5}$$

で表されている微分方程式で，**同次形**微分方程式と呼ばれている．

実際，x の関数 $u = u(x)$ を

$$u(x) = \frac{y(x)}{x} \quad \text{つまり} \quad y = xu$$

によって定めると，

$$y' = (xu)' = (x)'u + x(u)' = u + xu'$$

であるから，これらを (2.5) に代入して u の微分方程式を導くと，

$$u + xu' = f(u) \quad \text{より} \quad \frac{1}{f(u) - u} \cdot \frac{du}{dx} = \frac{1}{x}$$

となる．u に関するこの微分方程式は変数分離形であり，x で積分すると，

$$\int \frac{1}{f(u) - u}\, du = \log|x| + C$$

となる．左辺の積分のあとで $u = \dfrac{y}{x}$ と置き換えて，x, y の関係式に直すと，(2.5) の解が得られる．

例 6.　$y' = \dfrac{xy - y^2}{x^2}$

$y' = \dfrac{y}{x} - \left(\dfrac{y}{x}\right)^2$ であるから同次形である．$y = xu$ とおくと，u の方程式

$$u + xu' = u - u^2 \quad \text{すなわち} \quad -\frac{1}{u^2} \cdot \frac{du}{dx} = \frac{1}{x}$$

となる．x で積分すると，

$$-\int \frac{1}{u^2}\, du = \int \frac{1}{x}\, dx \quad \text{から} \quad \frac{1}{u} = \log|x| + C$$

となり，$u = \dfrac{y}{x}$ と置き換えて整理すると，次の一般解が得られる．

$$y = \frac{x}{\log|x| + C} \qquad (C \text{ は任意定数})$$

§2　変数分離形微分方程式

例 7.　$y' = \dfrac{2x - y}{x}$

$y' = 2 - \dfrac{y}{x}$ であるから同次形である．$y = xu$ とおくと，u の方程式

$$u + xu' = 2 - u \quad \text{すなわち} \quad \frac{1}{u - 1} \cdot \frac{du}{dx} = -\frac{2}{x}$$

となる．x で積分すると

$$\int \frac{1}{u - 1}\, du = -\int \frac{2}{x}\, dx \quad \text{から} \quad \log|u - 1| = -2\log|x| + C'$$

となり，これより

$$(u - 1)x^2 = C \qquad (C = \pm e^{C'} \text{ は任意定数})$$

となる．$u = \dfrac{y}{x}$ と置き換えると，次の一般解が得られる．

$$(y - x)x = C \quad \text{すなわち} \quad y = x + \frac{C}{x}$$

例 8.　$y' = \dfrac{3x - y}{x + y}$

$y' = \dfrac{3 - \dfrac{y}{x}}{1 + \dfrac{y}{x}}$ であるから同次形である．$y = xu$ とおくと，u の方程式

$$u + xu' = \frac{3 - u}{1 + u} \quad \text{すなわち} \quad \frac{u + 1}{u^2 + 2u - 3} \cdot \frac{du}{dx} = -\frac{1}{x}$$

となる．x で積分すると，

$$\int \frac{u + 1}{u^2 + 2u - 3}\, du = -\int \frac{1}{x}\, dx \;\text{つまり}\; \int \frac{(u^2 + 2u - 3)'}{u^2 + 2u - 3}\, du = -2\int \frac{1}{x}\, dx$$

から

$$\log|u^2 + 2u - 3| = -2\log|x| + C'$$

となり，これより

$$(u^2 + 2u - 3)x^2 = C \qquad (C = \pm e^{C'} \text{ は任意定数})$$

となる．$u = \dfrac{y}{x}$ と置き換えると，次の一般解が得られる．

$$y^2 + 2xy - 3x^2 = C$$

演習問題

問題 2.1 次の微分方程式の一般解を求めよ．

(1) $y' = x - 1$
(2) $y' = e^{2x}$
(3) $y' = y - 1$
(4) $y' = e^y$
(5) $y' = 2xy^2$
(6) $y' = \dfrac{x}{y+1}$
(7) $y' = -2xy$
(8) $y' = (x+1)(y-3)$
(9) $xy' = 2y$
(10) $xy' = (x+1)y$
(11) $yy' = 2x$
(12) $(x^2+1)yy' = (y^2+1)x$
(13) $y' = y \tan x$
(14) $y' = \dfrac{e^{x-y}}{e^x + 1}$

問題 2.2 次の初期値問題の解を求めよ．

(1) $y' = -y, \quad y(0) = 3$
(2) $y' = 2y - 4, \quad y(0) = -1$
(3) $y' = y^2, \quad y(0) = 4$
(4) $y' = e^{-y}, \quad y(0) = 0$
(5) $yy' + x = 0, \quad y(1) = 2$
(6) $(y-1)y' - 2x = 0, \quad y(1) = 3$

問題 2.3 微分方程式 $y' = y(y-2)$ において，次の初期条件を満たす解をそれぞれ求め，そのグラフの概形を示せ．

(1) $y(0) = 1$
(2) $y(0) = 4$
(3) $y(0) = -1$
(4) $y(0) = 2$

問題 2.4 次の微分方程式の解を求めよ．

(1) $y' = \dfrac{3x+y}{x}$
(2) $y' = \dfrac{x+2y}{x}$
(3) $y' = \dfrac{x-y}{x+y}$
(4) $y' = \dfrac{x+3y}{3x+y}$
(5) $y' = \dfrac{x^2+y^2}{xy}$
(6) $y' = \dfrac{y^2}{xy+x^2}$

§3　1階線形微分方程式

定数係数線形微分方程式　a を定数とし，$Q(x)$ を与えられた関数とするとき，未知関数 y とその導関数 y' に関して1次式である微分方程式

$$y' + ay = Q(x) \tag{3.1}$$

を定数係数 **1 階線形微分方程式**という．

線形微分方程式 (3.1) の解法を考えてみよう．(3.1) の両辺に e^{ax} をかけると

$$e^{ax}y' + ae^{ax}y = e^{ax}Q(x) \quad \text{つまり} \quad e^{ax}y' + (e^{ax})'y = e^{ax}Q(x)$$

となるが，積の微分公式より左辺は $(e^{ax}y)'$ に等しいので，

$$(e^{ax}y)' = e^{ax}Q(x) \quad \text{から} \quad e^{ax}y = \int e^{ax}Q(x)dx + C \quad (C \text{ は任意定数})$$

となる．最後の式の両辺に e^{-ax} を掛けると，次の解の公式が得られる．

定数係数 1 階線形微分方程式の解の公式

微分方程式 $y' + ay = Q(x)$ の解は

$$y = e^{-ax}\left\{\int e^{ax}Q(x)dx + C\right\} \quad (C \text{ は任意定数})$$

で与えられる．

例 1.　$y' + 3y = 8e^x$

両辺に e^{3x} をかけると，$\left(e^{3x}y\right)' = 8e^{4x}$ となる．x で積分して，両辺に e^{-3x} をかけると，一般解は

$$y = e^{-3x}\left\{\int 8e^{4x}\,dx + C\right\} = 2e^x + Ce^{-3x} \quad (C \text{ は任意定数})$$

となる．

例 2.　$y' - 2y = 3e^{2x}$

両辺に e^{-2x} をかけると，$\left(e^{-2x}y\right)' = 3$ となる．x で積分して，両辺に e^{2x} をかけると，一般解は

$$y = e^{2x}\left\{\int 3\,dx + C\right\} = (3x + C)e^{2x} \quad (C \text{ は任意定数})$$

となる．

未定係数法 定数係数 1 階線形微分方程式

$$y' + ay = Q(x) \tag{3.1}$$

の前ページとは別の解法として，1 つの解つまり特殊解がわかったときの一般解の求め方を考えてみよう．

(3.1) の右辺がつねに 0 である微分方程式，すなわち，

$$y' + ay = 0 \tag{3.2}$$

は**同次**方程式と呼ばれるが，まずこの方程式の一般解を求めておく．

(3.2) の両辺に e^{ax} をかけると，左辺は $\left(e^{ax}y\right)'$ となるから，

$$\left(e^{ax}y\right)' = 0 \quad \text{より} \quad e^{ax}y = C \quad \therefore \quad y = Ce^{-ax}$$

(C は任意定数) となる．これより，(3.2) の一般解は $y = Ce^{-ax}$ である．

つぎに，$Q(x) \neq 0$ のとき (3.1) は**非同次**方程式と呼ばれるが，その特殊解を $\eta(x)$ とすると，

$$\{\eta(x)\}' + a\eta(x) = Q(x) \tag{3.3}$$

であるから，(3.1) の一般解 y を求めるために，(3.1) から (3.3) をひくと

$$\{y - \eta(x)\}' + a\{y - \eta(x)\} = 0$$

となる．これより，$y - \eta(x)$ は (3.2) の解であるから，上に示したことによると

$$y - \eta(x) = Ce^{-ax} \quad \text{つまり} \quad y = Ce^{-ax} + \eta(x) \ (C \text{ は任意定数})$$

が成り立つ．したがって，標語的には次のことが成り立つ．

$$\begin{bmatrix} \text{非同次方程式 (3.1)} \\ \text{の一般解} \end{bmatrix} = \begin{bmatrix} \text{同次方程式 (3.2)} \\ \text{の一般解} \end{bmatrix} + \begin{bmatrix} \text{非同次方程式 (3.1)} \\ \text{の特殊解} \end{bmatrix}$$

この結果，(3.1) の特殊解が得られれば，一般解も求まることがわかる．

(3.1) の特殊解が簡単に得られる例としては，右辺の関数 $Q(x)$ が

$$\text{多項式，} \quad \text{三角関数，} \quad \text{指数関数}$$

である場合が挙げられる．それぞれの場合に対応して，ある決まった形の関数の係数を定めるだけで特殊解 $\eta(x)$ が得られることがわかっている．特殊解のこのような求め方を**未定係数法**という．

§3　1階線形微分方程式

未定係数法が適用できる $Q(x)$ の関数形と特殊解 $\eta(x)$ の関数形のいくつかの対応をまとめると次の通りである．ただし，$a \neq 0$ とする．

特殊解の形

$Q(x) = Ax^d + Bx^{d-1} + \cdots$ の場合　$\eta(x) = kx^d + lx^{d-1} + \cdots + m$

$Q(x) = A\cos\alpha x + B\sin\alpha x$ の場合　$\eta(x) = k\cos\alpha x + l\sin\alpha x$

$Q(x) = Ae^{\beta x}$ の場合　$\begin{cases} \beta \neq -a \text{ のとき } \eta(x) = ke^{\beta x} \\ \beta = -a \text{ のとき } \eta(x) = kxe^{\beta x} \end{cases}$

ここで，A, B, α, β は与えられた定数であり，k, l, m は未定係数である．

例 3.　$y' + 3y = 6x^2 + 7x - 8$

特殊解は $\eta(x) = kx^2 + lx + m$ の形で求まる．$\eta(x)$ を方程式の左辺に代入して整理すると，

$$\eta'(x) + 3\eta(x) = 2kx + l + 3(kx^2 + lx + m) = 3kx^2 + (2k + 3l)x + l + 3m$$

となるから，$3k = 6, 2k + 3l = 7, l + 3m = -8$ より $k = 2, l = 1, m = -3$ であれば $\eta(x)$ は解となる．同次方程式の一般解は $y = Ce^{-3x}$ であるから，一般解は次の通りである．

$$y = Ce^{-3x} + \eta(x) = Ce^{-3x} + 2x^2 + x - 3 \quad (C \text{ は任意定数})$$

例 4.　$y' - 2y = 5\sin x$

特殊解は $\eta(x) = k\cos x + l\sin x$ の形で求まる．$\eta(x)$ を方程式に代入すると，

$$(-2k + l)\cos x + (-k - 2l)\sin x = 5\sin x$$

となるから，$k = -1, l = -2$ である．同次方程式の一般解は $y = Ce^{2x}$ であるから，一般解は次の通りである．

$$y = Ce^{2x} + \eta(x) = Ce^{2x} - \cos x - 2\sin x \quad (C \text{ は任意定数})$$

例 5.　$y' + 2y = 6e^{-4x}$

$a = 2, \beta = -4$ であるから $\beta \neq -a$ であり，特殊解は $\eta(x) = ke^{-4x}$ の形で求まる．$\eta(x)$ を方程式に代入して k の値を求めると，$k = -3$ である．同次方程式の一般解は $y = Ce^{-2x}$ であるから，一般解は次の通りである．

$$y = Ce^{-2x} + \eta(x) = Ce^{-2x} - 3e^{-4x} \quad (C \text{ は任意定数})$$

一般の線形微分方程式 $P(x)$, $Q(x)$ を与えられた x の関数とするとき,
$$y' + P(x)y = Q(x) \tag{3.4}$$
を未知関数 y に関する **1 階線形微分方程式** という.

定数係数の場合, 方程式
$$y' + ay = Q(x)$$
の両辺に e^{ax} をかけると左辺は $(e^{ax}y)'$ となった. 同様に, 方程式 (3.4) の両辺に関数 $m(x)$ をかけたとき, 左辺が $\{m(x)y\}'$ に等しくなるような $m(x)$ を捜してみよう. このような関数 $m(x)$ の満たすべき関係式は
$$m(x)\{y' + P(x)y\} = \{m(x)y\}' \quad \text{より} \quad m(x)P(x)y = m'(x)y$$
すなわち
$$m'(x) = m(x)P(x) \tag{3.5}$$
である. (3.5) は m に関する変数分離形方程式であり, その解は
$$m(x) = Ce^{\int P(x)\,dx} \quad (C \text{ は任意定数})$$
と表される. ここで特に $C = 1$ とすると, $m(x) = e^{\int P(x)\,dx}$ となる.

実際, (3.4) の両辺に $m(x) = e^{\int P(x)\,dx}$ を掛けると, (3.5) と積の微分公式より, 左辺は
$$m(x)\{y' + P(x)y\} = m(x)y' + m(x)P(x)y$$
$$= m(x)y' + m'(x)y = \{m(x)y\}'$$
となり, 右辺は $Q(x)m(x)$ となるから, 両辺を x で積分すると
$$m(x)y = \int Q(x)m(x)\,dx + C \quad \text{すなわち} \quad e^{\int P(x)\,dx}y = \int Q(x)e^{\int P(x)\,dx}\,dx + C$$
となる. 最後の式の両辺に $e^{-\int P(x)\,dx}$ をかけると, 次の解の公式が得られる.

--- **1 階線形微分方程式の解の公式** ---

微分方程式 $y' + P(x)y = Q(x)$ の解は
$$y = e^{-\int P(x)\,dx}\left\{\int Q(x)e^{\int P(x)\,dx}\,dx + C\right\} \quad (C \text{ は任意定数})$$
で与えられる.

なお, $m(x) = e^{\int P(x)\,dx}$ を (3.4) の **積分因子** と呼ぶことがある.

§3　1階線形微分方程式　　　　　　　　　　　　　　　　　　　　21

例 6.　$y' - \dfrac{y}{x} = 3x + \dfrac{2}{x}$

$\displaystyle\int -\dfrac{1}{x}dx = -\log x$ であるから，積分因子 $e^{-\log x} = \dfrac{1}{x}$ を両辺に掛けると

$$\left(\dfrac{y}{x}\right)' = 3 + \dfrac{2}{x^2}$$

となる．x で積分すると，

$$\dfrac{y}{x} = \int \left(3 + \dfrac{2}{x^2}\right)dx = 3x - \dfrac{2}{x} + C$$

となるから，一般解は次の通りである．

$$y = 3x^2 - 2 + Cx \quad (C \text{ は任意定数})$$

例 7.　$y' - y\tan x = 4\cos x$

$$\int -\tan x\, dx = \int \dfrac{(\cos x)'}{\cos x}dx = \log(\cos x)$$

であるから，積分因子 $e^{\log(\cos x)} = \cos x$ を両辺に掛けると，

$$(y\cos x)' = 4\cos^2 x \quad \text{つまり} \quad (y\cos x)' = 2(1 + \cos 2x)$$

となる．x で積分すると，

$$y\cos x = 2x + \sin 2x + C$$

となるから，一般解は次の通りである．

$$y = \dfrac{2x + \sin 2x + C}{\cos x} \quad (C \text{ は任意定数})$$

（注意）　積分因子 $m(x) = e^{\int P(x)\,dx}$ の計算においては，

$$a \text{ を正の数とするとき} \quad e^{\log a} = a$$

が成り立つので，たとえば，

$$e^{\log x} = x, \quad e^{\log(\cos x)} = \cos x, \quad e^{-\log x} = \dfrac{1}{x}, \quad e^{\frac{1}{2}\log(x^2+1)} = \sqrt{x^2 + 1}$$

となることを注意しておく．

定数変化法 ここでは1階線形微分方程式

$$y' + P(x)y = Q(x) \tag{3.4}$$

の20ページとは別の解法として, 同次方程式

$$y' + P(x)y = 0 \tag{3.6}$$

の一般解を利用して求める方法を考える.

同次方程式 (3.6) は, 変数分離形としても, あるいは積分因子 $m(x) = e^{\int P(x)\,dx}$ をかけても解くことができ, その一般解は

$$y = Ce^{-\int P(x)\,dx} \qquad (C \text{ は任意定数}) \tag{3.7}$$

である. ここで, 同次方程式の解 (3.7) に含まれる任意定数 C を関数 $C(x)$ に置き換えて得られる関数

$$y = C(x)e^{-\int P(x)\,dx} \tag{3.8}$$

の形で (3.4) の一般解を求めてみよう.

$Y(x) = e^{-\int P(x)\,dx}$ とおいて, $y = C(x)Y(x)$ を (3.4) に代入し整理すると,

$$C'(x)Y(x) + C(x)\{Y'(x) + P(x)Y(x)\} = Q(x)$$

となるが, $Y(x)$ は (3.6) の解であり, $Y'(x) + P(x)Y(x) = 0$ を満たすから,

$$C'(x)Y(x) = Q(x)$$

となる. これが関数 $C(x)$ の満たすべき条件であり, 両辺に $\{Y(x)\}^{-1} = e^{\int P(x)\,dx}$ を掛けて積分すると,

$$C(x) = \int Q(x)e^{\int P(x)\,dx}dx + C \qquad (C \text{ は任意定数})$$

となる. これを (3.8) に代入すると, (3.4) の一般解として

$$y = e^{-\int P(x)\,dx}\left\{\int Q(x)e^{\int P(x)\,dx}\,dx + C\right\} \qquad (C \text{ は任意定数})$$

が得られる.

このように同次方程式 (3.6) の一般解 $y = Ce^{-\int P(x)\,dx}$ に含まれる任意定数 C を関数 $C(x)$ で置き換えて, $C(x)$ の満たすべき微分方程式を解くことによって, 1階線形微分方程式 (3.4) の一般解を得る方法を**定数変化法**と言う.

§3　1階線形微分方程式

例 8.　$y' - \dfrac{2y}{x} = x - 3$

同次方程式 $y' - \dfrac{2y}{x} = 0$ つまり $\dfrac{y'}{y} = \dfrac{2}{x}$ の一般解は，

$$\int \frac{1}{y} dy = \int \frac{2}{x} dx \quad \text{つまり} \quad \log|y| = 2\log|x| + C'$$

より $y = Cx^2$ である．そこで，$y = C(x)x^2$ とおいて，もとの方程式に代入すると，

$$C'(x)x^2 + C(x)\cdot 2x - \frac{2C(x)x^2}{x} = x - 3 \quad \text{から} \quad C'(x) = \frac{1}{x} - \frac{3}{x^2}$$

となるから，$C(x) = \log|x| + \dfrac{3}{x} + C$ である．よって，求める一般解は

$$y = \left(\log|x| + \frac{3}{x} + C\right)x^2 = x^2\log|x| + 3x + Cx^2 \quad (C \text{ は任意定数})$$

である．

例 9.　$y' - \dfrac{xy}{x^2+1} = x$

同次方程式 $y' - \dfrac{xy}{x^2+1} = 0$ つまり $\dfrac{y'}{y} = \dfrac{x}{x^2+1}$ の一般解は，

$$\int \frac{1}{y} dy = \int \frac{1}{2}\cdot\frac{(x^2+1)'}{x^2+1} dx \quad \text{つまり} \quad \log|y| = \frac{1}{2}\log(x^2+1) + C'$$

より，$y = C\sqrt{x^2+1}$ である．そこで，$y = C(x)\sqrt{x^2+1}$ とおいて，もとの方程式に代入すると，

$$C'(x)\sqrt{x^2+1} + C(x)\frac{x}{\sqrt{x^2+1}} - \frac{x}{x^2+1}C(x)\sqrt{x^2+1} = x$$

から

$$C'(x) = \frac{x}{\sqrt{x^2+1}}$$

となるから，$C(x) = \sqrt{x^2+1} + C$ である．よって，求める一般解は

$$y = (\sqrt{x^2+1} + C)\sqrt{x^2+1} = x^2 + 1 + C\sqrt{x^2+1} \quad (C \text{ は任意定数})$$

である．

ベルヌーイの方程式 簡単な変数変換によって，1階線形微分方程式に変形できる微分方程式がある．その一つの例が，$n \neq 0, 1$ として

$$y' + P(x)y = Q(x)y^n \tag{3.9}$$

で表される**ベルヌーイ (Bernoulli) の方程式**である．

x の関数 $u = u(x)$ を $u(x) = \{y(x)\}^{1-n}$ によって定めると，

$$u' = \frac{du}{dx} = \frac{d}{dx}\{y(x)\}^{1-n} = (1-n)\{y(x)\}^{1-n-1} \cdot y'(x) = (1-n)y^{-n}y'$$

であるから，(3.9) に $(1-n)y^{-n}$ を掛けた式

$$(1-n)y^{-n}y' + (1-n)P(x)y^{1-n} = (1-n)Q(x)$$

から u に関する微分方程式を導くと，1階線形微分方程式

$$u' + (1-n)P(x)u = (1-n)Q(x)$$

となる．この微分方程式を解き，$u = y^{1-n}$ を代入して y と x の関係式に戻すと，(3.9) の解が得られることになる．

例10 $y' + 2y = 6e^{-x}y^2$

この方程式はベルヌーイの方程式で，$n = 2$ の場合であるから，$u = y^{1-2} = \dfrac{1}{y}$ と変数変換する．このとき $u' = -\dfrac{y'}{y^2}$ であるから，もとの方程式に $-\dfrac{1}{y^2}$ を掛けると，u の線形微分方程式

$$u' - 2u = -6e^{-x}$$

が得られる．この方程式の特殊解を $\eta(x) = ke^{-x}$ の形で求めると，$k = 2$ となるから，一般解は $u = Ce^{2x} + 2e^{-x}$ である．

したがって，$y = \dfrac{1}{u}$ よりもとの方程式の一般解として

$$y = \frac{1}{Ce^{2x} + 2e^{-x}} \qquad (C \text{ は任意定数})$$

が得られる．

なお，他に $y = 0$ も明らかに解である．

§3　1階線形微分方程式

演習問題

問題 3.1 定数係数線形微分方程式 $y' + ay = Q(x)$ の両辺に e^{ax} をかけると，$\{e^{ax}y\}' = e^{ax}Q(x)$ となることを利用して，次の微分方程式の一般解を求めよ．

(1) $y' - 2y = 0$
(2) $y' + 3y = 0$
(3) $y' - 2y = 2e^{3x}$
(4) $y' + 3y = e^x$
(5) $y' - 2y = 2e^{2x}$
(6) $y' + 3y = -4e^{-3x}$
(7) $y' - 3y = e^x + e^{-x}$
(8) $y' + y = 3e^{2x} - 4e^x$
(9) $y' - y = 2xe^x$
(10) $y' + 2y = (4x - 3)e^{-2x}$
(11) $y' - y = x$
(12) $y' + 2y = 4x - 6$
(13) $y' - 2y = e^{2x}\sin x$
(14) $y' + 3y = e^{-3x}\cos 2x$
(15) $y' - 2y = e^{3x}\sin x$
(16) $y' + 3y = e^{-2x}\cos 2x$

問題 3.2 未定係数法によって，次の微分方程式の一般解を求めよ．

(1) $y' - 2y = -4x + 8$
(2) $y' + 2y = 2x + 3$
(3) $y' - 2y = x^2 + x + 3$
(4) $y' + y = 2x^2 + 4x - 1$
(5) $y' - 3y = 2\cos x - 6\sin x$
(6) $y' + 3y = 5\sin x - 5\cos x$
(7) $y' - y = 6\sin 2x + 3\cos 2x$
(8) $y' + 2y = 4\cos 2x$
(9) $y' - 2y = e^x$
(10) $y' + 2y = 3e^{-x}$
(11) $y' - 2y = 3e^{2x}$
(12) $y' + 2y = -2e^{-2x}$

問題 3.3 次の初期値問題の解を求めよ．

(1) $y' - 2y = 0, \quad y(0) = 3$
(2) $y' - 2y = 0, \quad y(0) = -1$
(3) $y' + y = 2e^x, \quad y(0) = 2$
(4) $y' - y = e^{-x}, \quad y(0) = 0$
(5) $y' - y = e^x, \quad y(0) = 1$
(6) $y' + 2y = e^{-2x}, \quad y(0) = -2$

問題 3.4 線形微分方程式 $y' + P(x)y = Q(x)$ の両辺に積分因子 $m(x) = e^{\int P(x)dx}$ をかけると，$\{m(x)y\}' = m(x)Q(x)$ となることを利用して，次の微分方程式の一般解を求めよ．

(1) $y' + \dfrac{y}{x} = 2$
(2) $y' + \dfrac{y}{x} = 6x - 2$

(3) $y' + \dfrac{y}{x} = \dfrac{2x+1}{x^2}$
(4) $y' + \dfrac{y}{x} = \dfrac{2}{x^2+1}$

(5) $y' - \dfrac{y}{x} = 2x - 1$
(6) $y' - \dfrac{y}{x} = 6xe^{3x}$

(7) $y' - \dfrac{y}{x+2} = 3$
(8) $y' - \dfrac{y}{x+2} = 2x + 5$

(9) $y' + \dfrac{y}{2x} = 3$
(10) $y' + \dfrac{y}{2x} = -\dfrac{1}{x}$

(11) $y' + \dfrac{2xy}{x^2+1} = 4x - 3$
(12) $y' + \dfrac{2xy}{x^2+1} = \dfrac{2}{x}$

問題 3.5 定数変化法によって，次の微分方程式の一般解を求めよ．

(1) $y' + \dfrac{y}{x} = 4 - \dfrac{2}{x}$
(2) $y' + \dfrac{y}{x} = 3\sqrt{x}$

(3) $y' - \dfrac{y}{x} = 5$
(4) $y' - \dfrac{y}{x} = -6xe^{-2x}$

(5) $y' + \dfrac{y}{x+1} = \dfrac{2}{x^2+2x+2}$
(6) $y' + \dfrac{y}{x+1} = e^x$

(7) $y' - \dfrac{2xy}{x^2+1} = 2x^2 + 2$
(8) $y' - \dfrac{2xy}{x^2+1} = 4x$

(9) $y' - y\tan x = 1$
(10) $y' - y\tan x = 2\sin x + 4\cos x$

(11) $y' + \dfrac{y}{\tan x} = -2$
(12) $y' + \dfrac{y}{\tan x} = x$

問題 3.6 次の微分方程式 (ベルヌーイの方程式) の一般解を求めよ．

(1) $y' + 2y = e^{3x}y^2$
(2) $y' + 2y = (2x - 5)y^2$

(3) $y' + y = 2xy^3$
(4) $y' + \dfrac{y}{2x} = \dfrac{1}{y}$

§4 完全微分形方程式

全微分可能性と陰関数の微分 準備として，2 変数関数の全微分と陰関数の微分に関して復習しておこう．簡単のために，ここでは関数は十分に滑らか，つまり，以下の議論に必要なだけ微分可能であるとする．

2 変数関数 $F(x,y)$ が (x,y) において全微分可能であるとは，$|k|,|l|$ が十分小さいとき，

$$r(k,l) = F(x+k, y+l) - \left\{F(x,y) + F_x(x,y)k + F_y(x,y)l\right\}$$

とおくと

$$\lim_{\sqrt{k^2+l^2}\to 0} \frac{r(k,l)}{\sqrt{k^2+l^2}} = 0$$

が成り立つことである．ここで，$F_x(x,y)$, $F_y(x,y)$ はそれぞれ $F(x,y)$ の x, y に関する偏導関数を表し，また，$\sqrt{k^2+l^2}\to 0$ は $(k,l)\to (0,0)$ を意味する．

$F(x,y)$ は全微分可能な関数とし，C は定数とするとき，方程式

$$F(x,y) = C \tag{4.1}$$

を満たす (x,y) について考える．$F(x_0,y_0) = C$ であるとき，$F_y(x_0,y_0) \neq 0$ ならば，(x_0,y_0) の近くでは y を x の関数 $y = y(x)$ とみなすことができて，この関数 $y = y(x)$ の微分に関しては，陰関数の微分公式から

$$F_x(x,y) + F_y(x,y)\frac{dy}{dx} = 0 \quad \text{すなわち} \quad y' = -\frac{F_x(x,y)}{F_y(x,y)} \tag{4.2}$$

が成り立つ．逆に，(4.2) を微分方程式とみなしたときには，(4.1) で定まる関数 $y = y(x)$ が解となっている．

陰関数の微分の簡単な例を一つあげておこう．

$$x^2 + y^2 = 5 \tag{4.3}$$

において，$F(x,y) = x^2 + y^2$, $C = 5$ と考えると，$F_x(x,y) = 2x$, $F_y(x,y) = 2y$ であるから，(4.3) を満たし，かつ $F_y(x,y) \neq 0$，つまり，$y \neq 0$ である (x,y) の近くでは，y は x の関数とみなすことができて，

$$2x + 2y\frac{dy}{dx} = 0 \quad \text{すなわち} \quad \frac{dy}{dx} = -\frac{x}{y}$$

が成り立つことがわかる (4 ページ，例 5 参照)．

完全微分形微分方程式　1階微分方程式

$$\frac{dy}{dx} = -\frac{M(x,y)}{N(x,y)} \quad \text{あるいは} \quad M(x,y) + N(x,y)\frac{dy}{dx} = 0 \tag{4.4}$$

において,

$$\frac{\partial U}{\partial x} = M(x,y), \quad \frac{\partial U}{\partial y} = N(x,y) \tag{4.5}$$

を満たす2変数関数 $U = U(x,y)$ があるとき, **完全微分形**微分方程式という.

このとき, (4.4) は

$$U_x(x,y) + U_y(x,y)\frac{dy}{dx} = 0$$

と表されるから, 任意定数 C に対して方程式

$$U(x,y) = C \tag{4.6}$$

で定まる関数 $y = y(x)$ は微分方程式 (4.4) を満たす.

それでは, 微分方程式 (4.4) が完全微分形となるための条件を調べてみよう.

まず, 完全微分形であるとき, (4.5) を満たす $U = U(x,y)$ が存在し,

$$\frac{\partial M}{\partial y} = \frac{\partial}{\partial y}\left(\frac{\partial U}{\partial x}\right) = \frac{\partial^2 U}{\partial y \partial x}, \quad \frac{\partial N}{\partial x} = \frac{\partial}{\partial x}\left(\frac{\partial U}{\partial y}\right) = \frac{\partial^2 U}{\partial x \partial y}$$

となるが, 滑らかな関数 $U(x,y)$ においては偏導関数は偏微分の順序によらないから, これら2式の右辺は一致する. したがって,

$$\frac{\partial M}{\partial y}(x,y) = \frac{\partial N}{\partial x}(x,y) \tag{4.7}$$

が成り立たなければならない.

逆に, (4.7) が成り立つと (4.4) は完全微分形であること, すなわち, (4.5) を満たす2変数関数 $U(x,y)$ が構成できることを示す. まず, $M(x,y)$ において y を定数とみなして x で積分し

$$K(x,y) = \int M(x,y)\, dx$$

とおく. ここで積分定数は y に依存してもよいが, y の関数として微分可能なものを選んで固定し, さらに

$$L = N(x,y) - \frac{\partial}{\partial y}K(x,y)$$

§4 完全微分形方程式

とおく．このとき (4.7) が成り立っていれば
$$\frac{\partial L}{\partial x} = \frac{\partial}{\partial x} N(x,y) - \frac{\partial}{\partial x}\left(\frac{\partial}{\partial y} K(x,y)\right) = \frac{\partial}{\partial x} N(x,y) - \frac{\partial}{\partial y}\left(\frac{\partial}{\partial x} K(x,y)\right)$$
$$= \frac{\partial}{\partial x} N(x,y) - \frac{\partial}{\partial y} M(x,y) = 0$$

が成り立つ．したがって L は x には依存せず，y のみの関数 $L = L(y)$ となる．

$$U(x,y) = K(x,y) + \int L(y)\,dy$$

とおくと，この $U(x,y)$ が (4.5) を満たすことは容易にわかる．以上により，次の解の公式が得られる．

完全微分形微分方程式の解の公式

微分方程式 $M(x,y) + N(x,y)\dfrac{dy}{dx} = 0$ が $\dfrac{\partial M}{\partial y}(x,y) = \dfrac{\partial N}{\partial x}(x,y)$ を満たすとき，その一般解は

$$K(x,y) + \int L(y)\,dy = C \quad (C \text{ は任意定数})$$

で与えられる．ここで $K(x,y) = \displaystyle\int M(x,y)\,dx,\ L(y) = N(x,y) - \dfrac{\partial}{\partial y} K(x,y)$ である．

例 1. $3x^2 - 4xy + 3y^2 + (-2x^2 + 6xy + 3y^2)\dfrac{dy}{dx} = 0$

$\dfrac{\partial}{\partial y}(3x^2 - 4xy + 3y^2) = -4x + 6y = \dfrac{\partial}{\partial x}(-2x^2 + 6xy + 3y^2)$ であるから，完全微分形である．

$$K(x,y) = \int (3x^2 - 4xy + 3y^2)\,dx = x^3 - 2x^2 y + 3xy^2$$

とすると

$$L(y) = (-2x^2 + 6xy + 3y^2) - \frac{\partial}{\partial y}(x^3 - 2x^2 y + 3xy^2)$$
$$= -2x^2 + 6xy + 3y^2 - (-2x^2 + 6xy) = 3y^2$$

となる．$\displaystyle\int L(y)\,dy = \int 3y^2\,dy = y^3$ であるから，一般解は次の通りである．

$$x^3 - 2x^2 y + 3xy^2 + y^3 = C \quad (C \text{ は任意定数})$$

演習問題

問題 4.1 次の微分方程式のうちで完全微分形であるものをあげよ．また，それらの一般解を求めよ．

(1) $2x - 3y - 1 + (-3x + 4y - 2)\dfrac{dy}{dx} = 0$

(2) $4x - 2y - 2 + (2x - y - 1)\dfrac{dy}{dx} = 0$

(3) $3x^2 - 6y + 4x + (3y^2 - 6x + 2y)\dfrac{dy}{dx} = 0$

(4) $3x^2 - 2xy + y^2 + (x^2 - 2xy + 3y^2)\dfrac{dy}{dx} = 0$

(5) $\log y + \dfrac{2}{x} + \left(\dfrac{x}{y} + 4y\right)\dfrac{dy}{dx} = 0$

(6) $e^{-x}\sin y - (e^{-x}\cos y)\dfrac{dy}{dx} = 0$

問題 4.2 1 階微分方程式
$$M(x,y) + N(x,y)\dfrac{dy}{dx} = 0 \quad \cdots \quad (*)$$
において，それ自身は完全微分形ではないが，両辺にある関数 $\lambda(x,y)$ を掛けて得られる微分方程式
$$\lambda(x,y)M(x,y) + \lambda(x,y)N(x,y)\dfrac{dy}{dx} = 0$$
が完全微分形となることがある．このとき，関数 $\lambda(x,y)$ を微分方程式 $(*)$ の積分因子という．次の微分方程式において，右に示された関数 $\lambda(x,y)$ が積分因子であることを利用して一般解を求めよ．

(1) $x^2 - y^2 + 2xy\dfrac{dy}{dx} = 0, \qquad \lambda(x,y) = \dfrac{1}{x^2}$

(2) $y + (y^2\cos y - x)\dfrac{dy}{dx} = 0, \qquad \lambda(x,y) = \dfrac{1}{y^2}$

(3) $xy - y + (xy + x)\dfrac{dy}{dx} = 0, \qquad \lambda(x,y) = \dfrac{1}{xy}$

(4) $y + (2x + 4y^2)\dfrac{dy}{dx} = 0, \qquad \lambda(x,y) = y$

(5) $3x - y + (x - 3y)\dfrac{dy}{dx} = 0, \qquad \lambda(x,y) = x + y$

(6) $y^2 + x^2y^2 + x^2\dfrac{dy}{dx} = 0, \qquad \lambda(x,y) = \dfrac{1}{x^2y^2}$

第3章
2階線形微分方程式

§5 同次方程式の一般解

導入 この章では, x の関数 $y = y(x)$ に関する定数係数2階線形微分方程式

$$y'' + ay' + by = Q(x) \tag{5.1}$$

を主に取り扱う. ここで, a, b は定数とし, $Q(x)$ は与えられた関数とする.

初めに, 用語の意味を説明しよう.

まず, **定数係数**とは (5.1) において, y'', y', y の係数がすべて定数であることを意味する. これに対して, $A(x), B(x)$ を x の関数とするとき,

$$y'' + A(x)y' + B(x)y = Q(x)$$

などは**変数係数**2階線形微分方程式と呼ばれる. 変数係数方程式については §10 において簡単に扱う.

(5.1) に現れる関数 y の最高階の導関数が2階導関数 y'' であるから, **2階微分方程式**という. 線形の意味については次の項で取り上げることにする.

また, (5.1) において, 右辺が 0 でない, つまり, 恒等的には $Q(x) = 0$ ではないときは**非同次微分方程式**といい, 右辺が 0 である, つまり, 恒等的に $Q(x) = 0$ であるとき, すなわち,

$$y'' + ay' + by = 0 \tag{5.2}$$

を**同次微分方程式**という.

31

線形性 x の関数 $y = y(x)$ に対する微分作用素 L を

$$L[y] = \left(\frac{d^2}{dx^2} + a\frac{d}{dx} + b\right)[y] = \frac{d^2}{dx^2}y + a\frac{d}{dx}y + by$$
$$= y'' + ay' + by$$

によって定義する．このとき，任意の関数 $f(x), g(x)$ と定数 c に対して，

$$L[f+g] = (f+g)'' + a(f+g)' + b(f+g)$$
$$= (f'' + af' + bf) + (g'' + ag' + bg) = L[f] + L[g]$$
$$L[cf] = (cf)'' + a(cf)' + bcf = c(f'' + af' + bf) = cL[f]$$

が成り立つから，まとめると，任意の関数 $f(x), g(x)$ と定数 c, d に対して，

$$L[cf + dg] = cL[f] + dL[g]$$

が成り立つ．これより，L は線形性を満たすので，**線形微分作用素**と呼ばれる．

また，微分方程式 (5.1), (5.2) は L を用いて，それぞれ

$$L[y] = Q(x), \qquad L[y] = 0$$

と表されことから，いずれも**線形**微分方程式と呼ばれる．

同次方程式 (5.2) において $y_1 = y_1(x), y_2 = y_2(x)$ を 2 つの解とすると，

$$L[y_1] = 0, \qquad L[y_2] = 0$$

であり，任意の定数 c_1, c_2 に対して，L の線形性から

$$L[c_1 y_1 + c_2 y_2] = c_1 L[y_1] + c_2 L[y_2] = c_1 \cdot 0 + c_2 \cdot 0 = 0$$

となる．したがって，$y = c_1 y_1(x) + c_2 y_2(x)$ もやはり (5.2) の解となる．

このことはあとで利用されるので，まとめておこう．

定理 5.1 同次線形微分方程式 $L[y] = y'' + ay' + by = 0$ の 2 つの解 $y_1 = y_1(x), y_2 = y_2(x)$ と定数 c_1, c_2 に対して，

$$y = c_1 y_1(x) + c_2 y_2(x)$$

も解となる．

§5 同次方程式の一般解

複素数べきの指数関数　定数係数線形微分方程式の解を求めるための準備として, べきを複素数にまで拡張して自然対数の底 e の指数べきを定義しよう.

天下りではあるが, 一般の複素数 $p+iq$ (p, q は実数) に対して,

$$e^{p+iq} = e^p e^{iq} = e^p(\cos q + i\sin q) \tag{5.3}$$

と定義する. たとえば,

$$e^{\pi i} = e^0(\cos \pi + i\sin \pi) = -1, \quad e^{2+\frac{\pi}{3}i} = e^2\left(\cos\frac{\pi}{3} + i\sin\frac{\pi}{3}\right) = \frac{e^2}{2} + \frac{\sqrt{3}e^2}{2}i$$

である.

また, $q=0$ のときは, 実数の場合の指数べき e^p そのものであり, べきが純虚数 $i\theta$ (θ は実数) のときは, (5.3) で $p=0, q=\theta$ とおいたと考えると

$$e^{i\theta} = \cos\theta + i\sin\theta$$

となるが, この関係式は**オイラー** (L. Euler 1707–83) **の公式**と呼ばれる.

ここで, $\lambda = p+iq$ (p, q は実数) を複素数の定数とし, 実数変数 x に対する拡張された意味での指数関数

$$e^{\lambda x} = e^{px+iqx} = e^{px}(\cos qx + i\sin qx)$$

を考える. この関数は複素数値であるが, 実数値関数と同様に微分を定義し, 実数部分と虚数部分を別々に微分すると,

$$\begin{aligned}
\frac{d}{dx}e^{\lambda x} &= \frac{d}{dx}\{e^{px}(\cos qx + i\sin qx)\} = (e^{px}\cos qx)' + i(e^{px}\sin qx)' \\
&= e^{px}(p\cos qx - q\sin qx) + ie^{px}(p\sin qx + q\cos qx) \\
&= (p+iq)e^{px}(\cos qx + i\sin qx) \\
&= \lambda e^{\lambda x}
\end{aligned}$$

となる. この関係をまとめると次の通りである.

複素べき指数関数の微分公式

λ を複素数の定数とするとき, 微分公式

$$\frac{d}{dx}e^{\lambda x} = \lambda e^{\lambda x}$$

が成り立つ.

指数関数の解 第 2 章で扱った 1 階同次線形微分方程式
$$y' + ay = 0$$
の一般解は $y = Ce^{-ax}$ (C は任意定数) である．そこで, 2 階同次線形微分方程式
$$y'' + ay' + by = 0 \tag{5.2}$$
においても, 指数関数の解 $y = e^{\lambda x}$ について, λ が複素数である場合を含めて調べてみよう．

いくつかの具体的な例を取り上げて考えてみる．

例 1. $y'' - y' - 6y = 0$

$y = e^{\lambda x}$ を代入すると
$$\left(e^{\lambda x}\right)'' - \left(e^{\lambda x}\right)' - 6e^{\lambda x} = 0 \quad \text{より} \quad (\lambda^2 - \lambda - 6)e^{\lambda x} = 0$$
となるから, λ が 2 次方程式
$$\lambda^2 - \lambda - 6 = 0 \quad \text{すなわち} \quad (\lambda - 3)(\lambda + 2) = 0$$
の解 $\lambda = 3, -2$ であればよい．これより, 微分方程式の解として
$$y_1 = e^{3x}, \quad y_2 = e^{-2x}$$
が得られる．

例 2. $y'' - 4y' + 13y = 0$

$y = e^{\lambda x}$ を代入すると
$$\left(e^{\lambda x}\right)'' - 4\left(e^{\lambda x}\right)' + 13e^{\lambda x} = 0 \quad \text{より} \quad (\lambda^2 - 4\lambda + 13)e^{\lambda x} = 0$$
となるから, λ が 2 次方程式
$$\lambda^2 - 4\lambda + 13 = 0$$
の解 $\lambda = 2 \pm 3i$ であればよい．これより, 2 つの複素数値関数
$$\begin{aligned}
Y_1 &= e^{(2+3i)x} = e^{2x+3xi} = e^{2x}(\cos 3x + i \sin 3x), \\
Y_2 &= e^{(2-3i)x} = e^{2x-3xi} \\
&= e^{2x}\{\cos(-3x) + i\sin(-3x)\} = e^{2x}(\cos 3x - i \sin 3x)
\end{aligned}$$
が微分方程式を満たし, 解となることがわかる．

§5 同次方程式の一般解

さらに, 定理 5.1 (32 ページ) から
$$y_1 = \frac{1}{2}(Y_1 + Y_2) = e^{2x}\cos 3x, \quad y_2 = \frac{1}{2i}(Y_1 - Y_2) = e^{2x}\sin 3x$$
も解となるので, 2 つの実数値関数の解が得られたことになる.

例 3. $y'' - 4y' + 4y = 0$

$y = e^{\lambda x}$ を代入すると
$$(e^{\lambda x})'' - 4(e^{\lambda x})' + 4e^{\lambda x} = 0 \quad \text{より} \quad (\lambda^2 - 4\lambda + 4)e^{\lambda x} = 0$$
となるから, λ が 2 次方程式
$$\lambda^2 - 4\lambda + 4 = 0 \quad \text{すなわち} \quad (\lambda - 2)^2 = 0$$
の解 $\lambda = 2$ (重解) であればよい. これより, 微分方程式の解として
$$y_1 = e^{2x}$$
が得られる.

例 1, 例 2 ではいずれも 2 つの解が得られたので, この方程式でも第 2 の解を求めてみよう.

C を任意定数とするとき, $y = Cy_1(x) = Ce^{2x}$ も解であるから, 1 階線形微分方程式における定数変化法を思い出して, 定数 C を関数 $C(x)$ に置き換えた
$$y = C(x)y_1(x) = C(x)e^{2x}$$
の形で解を求めてみる. 微分方程式に代入すると
$$\{C(x)e^{2x}\}'' - 4\{C(x)e^{2x}\}' + 4C(x)e^{2x} = 0$$
より
$$C''(x)e^{2x} = 0 \quad \text{すなわち} \quad C''(x) = 0$$
となるから, $C(x) = C_1 x + C_2$ (C_1, C_2 は任意定数) であればよい. ここで, 特に $C_1 = 1, C_2 = 0$ とおけば, $y = xe^{2x}$ となる ($C_1 = 0, C_2 = 1$ とおけば $y = y_1 = e^{2x}$ である).

結果として, この微分方程式においても, 2 つの解
$$y_1 = e^{2x}, \quad y_2 = xe^{2x}$$
が得られたことになる.

特性方程式・特性根 一般の 2 階同次線形方程式

$$y'' + ay' + by = 0 \tag{5.2}$$

において, 指数関数の解 $y = e^{\lambda x}$ について調べてみよう.

$y = e^{\lambda x}$ を (5.2) に代入すると

$$\left(e^{\lambda x}\right)'' + a\left(e^{\lambda x}\right)' + be^{\lambda x} = 0 \quad \text{より} \quad (\lambda^2 + a\lambda + b)e^{\lambda x} = 0$$

となるから, λ が 2 次方程式

$$\lambda^2 + a\lambda + b = 0 \tag{5.4}$$

の解であるとき, $y = e^{\lambda x}$ は (5.2) の解となる.

そこで 2 次方程式 (5.4) を 微分方程式 (5.2) の**特性方程式**といい, その解を**特性根**という.

2 次方程式 (5.4) の解, つまり, 特性根を λ_1, λ_2 とすると, これらは判別式

$$D = a^2 - 4b$$

の符号によって 3 つのタイプ

- (i) $D > 0$ のとき λ_1, λ_2 は異なる実数
- (ii) $D = 0$ のとき λ_1, λ_2 は実数で $\lambda_1 = \lambda_2$ (重解)
- (iii) $D < 0$ のとき λ_1, λ_2 は互いに共役な複素数で
$$\lambda_1 = p + qi, \lambda_2 = p - qi \ (p, \ q \text{は実数}, \ q > 0)$$

に分類される.

これらの分類に応じて, 微分方程式 (5.2) の 2 つの種類の解として

- (i) $D > 0$ のとき $y_1 = e^{\lambda_1 x}, y_2 = e^{\lambda_2 x}$
- (ii) $D = 0$ のとき $y_1 = e^{\lambda_1 x}, y_2 = xe^{\lambda_1 x}$
- (iii) $D < 0$ のとき $y_1 = e^{px}\cos qx, y_2 = e^{px}\sin qx$

が得られることが例 1, 2, 3 と同様にして確かめられる.

§5 同次方程式の一般解

関数の1次独立性 区間 I で定義された2つの関数 $u_1(x)$, $u_2(x)$ において,

I に属するすべての x に対して, $c_1 u_1(x) + c_2 u_2(x) = 0$ が成立する

ような定数 c_1, c_2 が $c_1 = c_2 = 0$ だけに限るとき, $u_1(x)$, $u_2(x)$ は I において**1次独立**であるという.

また, $u_1(x)$, $u_2(x)$ が1次独立でないとき, それらは**1次従属**であるという. この場合, 区間 I において一方の関数は他方の定数倍となっている, すなわち, k, k' を定数として, $u_1(x) = k u_2(x)$ または $u_2(x) = k' u_1(x)$ のいずれかが成り立っている.

例4. 区間 $(-\infty, \infty)$ において x と x^2 は1次独立である. 実際,

$$c_1 x + c_2 x^2 = 0 \qquad (c_1, c_2 \text{ は定数})$$

がつねに成立するとすれば, 特に $x = 1$, $x = -1$ のときにも成立しなければならないから, $c_1 + c_2 = -c_1 + c_2 = 0$ より $c_1 = c_2 = 0$ である.

例5. 区間 $(-\infty, \infty)$ において $\sin^2 x$ と $1 - \cos 2x$ は1次従属である. 実際,

$$c_1 \sin^2 x + c_2 (1 - \cos 2x) = 0$$

は, たとえば $c_1 = 2$, $c_2 = -1$ のときにも, すべての x に対して成立する.

ここで, 同次線形方程式 (5.2) の2つの解が1次独立か1次従属かを判定するのに有効な関数を導入しておこう.

2つの関数 $u_1(x)$, $u_2(x)$ に対して, **ロンスキー行列式**あるいは**ロンスキアン** (Wronskian) $W(u_1, u_2) = W(u_1, u_2)(x)$ を

$$W(u_1, u_2)(x) = \begin{vmatrix} u_1(x) & u_2(x) \\ u_1'(x) & u_2'(x) \end{vmatrix} = u_1(x) u_2'(x) - u_2(x) u_1'(x)$$

によって定義する.

区間 I において2つの関数 $u_1(x)$, $u_2(x)$ が1次従属であるとき, たとえば $u_1(x) = k u_2(x)$ (k は定数) のとき, 明らかに $W(u_1, u_2)(x) = 0$ となる.

また, $u_2(x) \neq 0$ のもとで

$$\left(\frac{u_1(x)}{u_2(x)} \right)' = \frac{u_1'(x) u_2(x) - u_1(x) u_2'(x)}{u_2(x)^2} = -\frac{1}{u_2(x)^2} W(u_1, u_2)(x)$$

であるから, ある区間において, $u_2(x) \neq 0$ かつ $W(u_1, u_2)(x) = 0$ ならば, $\dfrac{u_1(x)}{u_2(x)}$ は定数であり, $u_1(x) = k u_2(x)$ (k は定数) が成り立つ.

基本解・一般解 2階同次線形方程式

$$y'' + ay' + by = 0 \tag{5.2}$$

の任意の 2 つの解を $z_1(x)$, $z_2(x)$ とするとき,次のことが成り立つ.

> **定理 5.2** 2 つの解 $z_1(x)$, $z_2(x)$ が 1 次独立であるための必要十分な条件は
>
> すべての実数 x に対して,$W(z_1, z_2)(x) \neq 0$ が成り立つ $\cdots$ $(*)$
>
> ことである.

証明 まず,$(*)$ が成り立たない,つまり,ある x_0 に対して

$$W(z_1, z_2)(x_0) = \begin{vmatrix} z_1(x_0) & z_2(x_0) \\ z_1'(x_0) & z_2'(x_0) \end{vmatrix} = 0$$

と仮定すると,行列式の性質から 2 個の列ベクトルは 1 次従属であるから,たとえば,$\begin{bmatrix} z_2(x_0) \\ z_2'(x_0) \end{bmatrix} = k \begin{bmatrix} z_1(x_0) \\ z_1'(x_0) \end{bmatrix}$ (k は定数) の関係が成り立つ.したがって,$z(x) = z_2(x) - kz_1(x)$ とおけば,$z(x)$ は $z(x_0) = z'(x_0) = 0$ を満たす (5.2) の解となる.48 ページで示される解の一意性より,このような解は 0 だけに限られ,$z(x) = z_2(x) - kz_1(x) = 0$ となるので,$z_1(x)$, $z_2(x)$ は 1 次従属である.

逆に,$z_1(x)$, $z_2(x)$ が 1 次従属ならば,明らかに $(*)$ は成り立たない.

対偶をとると,$(*)$ が $z_1(x)$, $z_2(x)$ が 1 次独立であるための必要十分条件であることがわかる.(証明おわり)

ここで,ある実数 x_0 に対して $W(z_1, z_2)(x_0) \neq 0$ が成り立つならば,$(*)$ が成り立つことに注意する.実際,z_1, z_2 は (5.2) の解であるから,$W(x) = W(z_1, z_2)(x)$ とおくと,

$$\begin{aligned} W'(x) &= (z_1 z_2' - z_2 z_1')' = z_1 z_2'' - z_2 z_1'' \\ &= z_1(-az_2' - bz_2) - z_2(-az_1' - bz_1) = -aW(x) \end{aligned}$$

が成り立つ.この微分方程式の一般解は $W(x) = Ce^{-ax}$ と表されるが,ここで $x = x_0$ とおくと,$C = W(x_0)e^{ax_0}$ となるので,

$$W(x) = W(x_0)e^{-a(x-x_0)}$$

と表される.したがって,$W(x_0) = W(z_1, z_2)(x_0) \neq 0$ ならば,$(*)$ が成り立つ.

§5 同次方程式の一般解

3つの場合 (i), (ii), (iii) に分けて得られた (5.2) の 2 つの種類の解 y_1, y_2 (36 ページ) について，ロンスキー行列式
$$W(y_1, y_2)(x) = y_1(x)y_2'(x) - y_2(x)y_1'(x)$$
を計算してみよう．

(i) $y_1 = e^{\lambda_1 x}, y_2 = e^{\lambda_2 x}$ のとき
$$\begin{aligned} W(y_1, y_2) &= e^{\lambda_1 x}\left(e^{\lambda_2 x}\right)' - e^{\lambda_2 x}\left(e^{\lambda_1 x}\right)' \\ &= e^{\lambda_1 x} \cdot \lambda_2 e^{\lambda_2 x} - e^{\lambda_2 x} \cdot \lambda_1 e^{\lambda_1 x} \\ &= (\lambda_2 - \lambda_1)e^{(\lambda_1 + \lambda_2)x} \end{aligned}$$

(ii) $y_1 = e^{\lambda_1 x}, y_2 = xe^{\lambda_1 x}$ のとき
$$\begin{aligned} W(y_1, y_2) &= e^{\lambda_1 x}\left(xe^{\lambda_1 x}\right)' - xe^{\lambda_1 x}\left(e^{\lambda_1 x}\right)' \\ &= e^{\lambda_1 x}(\lambda_1 x + 1)e^{\lambda_1 x} - xe^{\lambda_1 x} \cdot \lambda_1 e^{\lambda_1 x} \\ &= e^{2\lambda_1 x} \end{aligned}$$

(iii) $y_1 = e^{px}\cos qx, y_2 = e^{px}\sin qx$ のとき
$$\begin{aligned} W(y_1, y_2) &= e^{px}\cos qx \cdot \left(e^{px}\sin qx\right)' - e^{px}\sin qx \cdot \left(e^{px}\cos qx\right)' \\ &= e^{px}\cos qx \cdot e^{px}(p\sin qx + q\cos qx) \\ &\quad - e^{px}\sin qx \cdot e^{px}(p\cos qx - q\sin qx) \\ &= qe^{2px} \end{aligned}$$

となる．ここで，(i) では $\lambda_1 \neq \lambda_2$ であり，(iii) では $q > 0$ であるから，いずれの場合においても
$$W(y_1, y_2) = y_1(x)y_2'(x) - y_2(x)y_1'(x) \neq 0$$
である．したがって，$y_1(x), y_2(x)$ は 1 次独立である．

2 階同次線形方程式 (5.2) の 2 つの 1 次独立な解を (5.2) の**基本解**という．この定義にしたがうと，(i), (ii), (iii) いずれの場合にも $y_1(x), y_2(x)$ は 1 組の基本解である．ただし，(5.2) の基本解は y_1, y_2 の 1 組に限らない．たとえば，$\frac{1}{2}(y_1 + y_2)$, $\frac{1}{2}(y_1 - y_2)$ もやはり基本解となることに注意する．

また，(5.2) の 1 組の基本解の任意の定数倍の和 (1 次結合) で表される関数
$$y(x) = c_1 y_1(x) + c_2 y_2(x) \qquad (c_1, c_2 \text{ は任意定数})$$
もやはり解となる (32 ページ，定理 5.1) が，これを (5.2) の**一般解**という．

2階同次線形方程式の一般解に関して次のようにまとめることができる.

> **定理 5.3**　定数係数 2 階同次線形方程式
> $$y'' + ay' + by = 0 \tag{5.2}$$
> の特性方程式 $\lambda^2 + a\lambda + b = 0$ の判別式を $D = a^2 - 4b$ とする. このとき, (5.2) の一般解は次のように表される.
> (i)　$D > 0$ のとき　特性根は異なる実数 λ_1, λ_2 ($\lambda_1 \neq \lambda_2$) で,
> 　　　　一般解は $y = c_1 e^{\lambda_1 x} + c_2 e^{\lambda_2 x}$ である.
> (ii)　$D = 0$ のとき　特性根は 1 個の実数 λ_1 (重解) で,
> 　　　　一般解は $y = (c_1 + c_2 x)e^{\lambda_1 x}$ である.
> (iii)　$D < 0$ のとき　特性根は共役な複素数 $p \pm qi$ (p, q は実数, $q > 0$) で,
> 　　　　一般解は $y = e^{px}(c_1 \cos qx + c_2 \sin qx)$ である.
> ここで, c_1, c_2 は任意定数とする.

例 6.　$y'' + 2y' = 0$

特性方程式は $\lambda^2 + 2\lambda = 0$ つまり $\lambda(\lambda + 2) = 0$ であり, 特性根は $\lambda = 0, -2$ であるから, 一般解は次の通りである.

$$y = c_1 e^{0x} + c_2 e^{-2x} = c_1 + c_2 e^{-2x} \quad (c_1, c_2 \text{ は任意定数})$$

例 7.　$4y'' - 4y' + y = 0$

両辺を 4 で割ると, (5.2) で表される微分方程式になることに注意する.

特性方程式は $4\lambda^2 - 4\lambda + 1 = 0$ つまり $(2\lambda - 1)^2 = 0$ であり, 特性根は $\lambda = \dfrac{1}{2}$ (重解) であるから, 一般解は次の通りである.

$$y = (c_1 + c_2 x)e^{\frac{1}{2}x} = (c_1 + c_2 x)\sqrt{e^x} \quad (c_1, c_2 \text{ は任意定数})$$

例 8.　$y'' + 2y = 0$

特性方程式は $\lambda^2 + 2 = 0$ であり, 特性根は $\lambda = \pm\sqrt{2}\,i$ であるから, 一般解は次の通りである.

$$y = c_1 \cos \sqrt{2}\,x + c_2 \sin \sqrt{2}\,x \quad (c_1, c_2 \text{ は任意定数})$$

§5 同次方程式の一般解

━━━━━━━━━━ 演習問題 ━━━━━━━━━━

問題 5.1 次の微分方程式の一般解を求めよ.

(1) $y'' + 7y' + 10y = 0$ （ 2) $y'' - 2y' - 15y = 0$

(3) $y'' + 4y' + 5y = 0$ （ 4) $y'' + 6y' + 9y = 0$

(5) $y'' - 3y' = 0$ （ 6) $y'' - 3y = 0$

(7) $y'' + 3y = 0$ （ 8) $y'' = 0$

(9) $3y'' - 2y' - y = 0$ （10) $4y'' - 12y' + 9y = 0$

問題 5.2 2 階同次線形微分方程式 $y'' + ay' + by = 0$ (a, b は実数の定数) において, 次のそれぞれの場合, a, b の値を求め, その一般解を求めよ.

(1) $y = e^x$, $y = 2e^{-3x}$ がいずれも解である.

(2) $y = 3$, $y = -e^{-5x}$ がいずれも解である.

(3) $y = (4 - 2x)e^{-x}$ が解である.

(4) $y = e^{3x}(2\cos x + 3\sin x)$ が解である.

問題 5.3 次の関数 $u_1(x), u_2(x)$ に対して, ロンスキー行列式 $W(u_1, u_2)(x)$ を求めよ.

(1) $u_1(x) = 2x + 1$, $u_2(x) = x^2 - 1$

(2) $u_1(x) = \cos 3x + \sin 3x$, $u_2(x) = \cos 3x - \sin 3x$

(3) $u_1(x) = e^{2x}$, $u_2(x) = 2e^{-3x}$

(4) $u_1(x) = 4e^{3x}$, $u_2(x) = xe^{3x}$

(5) $u_1(x) = e^{-2x}\cos 3x$, $u_2(x) = -e^{-2x}\sin 3x$

(6) $u_1(x) = x\cos x$, $u_2(x) = x\sin x$

問題 5.4 区間 $(-\infty, \infty)$ において, e^x と e^{2x} は 1 次独立であることを示せ.

§6 同次方程式の初期値問題

初期値問題 2階同次線形方程式
$$y'' + ay' + by = 0 \tag{6.1}$$
において，§5 で得られた一般解 $y(x) = c_1 y_1(x) + c_2 y_2(x)$ は 2 個の任意定数 c_1, c_2 を含むので，(6.1) の解は無数にある．

これらの一般解のなかで，x_0, α_0, α_1 を与えられた定数として，
$$y(x_0) = \alpha_0, \quad y'(x_0) = \alpha_1 \tag{6.2}$$
を満たす解について考える．このような条件 (6.2) を**初期条件**といい，初期条件を満たす (6.1) の解を求める問題を**初期値問題**という．

例1. $y'' - y' - 2y = 0, \quad y(0) = 1, \ y'(0) = 5$

特性根は $2, -1$ であり，一般解は $y = c_1 e^{2x} + c_2 e^{-x}$ である．
$y' = 2c_1 e^{2x} - c_2 e^{-x}$ であるから，初期条件より
$$y(0) = c_1 + c_2 = 1, \quad y'(0) = 2c_1 - c_2 = 5$$
であり，$c_1 = 2, c_2 = -1$ となる．したがって，求める解は次の通りである．
$$y = 2e^{2x} - e^{-x}$$

例2. $y'' - 4y' + 4y = 0, \quad y(1) = 0, \ y'(1) = 1$

特性根は 2 (重解) であり，一般解は $y = (c_1 + c_2 x)e^{2x}$ である．
$y' = (2c_1 + c_2 + 2c_2 x)e^{2x}$ であるから，初期条件より
$$y(1) = (c_1 + c_2)e^2 = 0, \quad y'(1) = (2c_1 + 3c_2)e^2 = 1$$
であり，$c_1 = -e^{-2}, c_2 = e^{-2}$ となる．したがって，求める解は次の通りである．
$$y = (-e^{-2} + e^{-2}x)e^{2x} = (x-1)e^{2(x-1)}$$

例3. $y'' - 2y' + 5y = 0, \quad y(0) = 2, \ y'(0) = 8$

特性根は $1 \pm 2i$ であり，一般解は $y = e^x(c_1 \cos 2x + c_2 \sin 2x)$ である．
$y' = e^x\{(c_1 + 2c_2)\cos 2x + (-2c_1 + c_2)\sin 2x\}$ であるから，初期条件より
$$y(0) = c_1 = 2, \quad y'(0) = c_1 + 2c_2 = 8$$
であり，$c_1 = 2, c_2 = 3$ となる．したがって，求める解は次の通りである．
$$y = e^x(2\cos 2x + 3\sin 2x)$$

§6 同次方程式の初期値問題

これらの例で取り上げた問題に限らず，初期条件 (6.2) を満たす (6.1) の解が必ず存在することを示す．

一般解として，$y(x) = c_1 y_1(x) + c_2 y_2(x)$ を考えると，初期条件 (6.2) は

$$\begin{cases} c_1 y_1(x_0) + c_2 y_2(x_0) = \alpha_0 \\ c_1 y_1{}'(x_0) + c_2 y_2{}'(x_0) = \alpha_1 \end{cases}$$

つまり

$$\begin{bmatrix} y_1(x_0) & y_2(x_0) \\ y_1{}'(x_0) & y_2{}'(x_0) \end{bmatrix} \begin{bmatrix} c_1 \\ c_2 \end{bmatrix} = \begin{bmatrix} \alpha_0 \\ \alpha_1 \end{bmatrix} \tag{6.3}$$

と表される．c_1, c_2 についての連立 1 次方程式 (6.3) の係数行列の行列式はロンスキー行列式

$$W(y_1, y_2)(x_0) = \begin{vmatrix} y_1(x_0) & y_2(x_0) \\ y_1{}'(x_0) & y_2{}'(x_0) \end{vmatrix} = y_1(x_0) y_2{}'(x_0) - y_2(x_0) y_1{}'(x_0)$$

であるが，その値は 39 ページで調べたように 0 ではない．したがって，線形代数で学んだように，係数行列の逆行列があり，それを (6.3) の両辺に左からかけることによって，連立 1 次方程式 (6.3) を満たす c_1, c_2 が得られる．

上に示したことを定理の形でまとめておく．

> **定理 6.1** 2 階同次線形方程式 (6.1) の解で，初期条件 (6.2) を満たすものが必ず存在する．

2 階同次線形方程式

$$y'' + ay' + by = 0$$

において，それぞれ初期条件

$$y(0) = 1, \quad y'(0) = 0 \,; \qquad y(0) = 0, \quad y'(0) = 1$$

を満たす解 $u_1(x), u_2(x)$ が得られたあとでは，初期条件

$$y(0) = \alpha_0, \quad y'(0) = \alpha_1$$

を満たす解は

$$y(x) = \alpha_0 u_1(x) + \alpha_1 u_2(x)$$

として得られることに注意する．

例 4. 微分方程式 $y'' - 2y' - 8y = 0$ において, 初期条件

$$y(0) = 1, \quad y'(0) = 0 \; ; \quad y(0) = 0, \quad y'(0) = 1$$

を満たす解をそれぞれ $u_1(x), u_2(x)$ とする.

特性根は $4, -2$ であり, 一般解は $y = c_1 e^{4x} + c_2 e^{-2x}$ であるから, それぞれの初期条件より定数 c_1, c_2 を決定すると

$$u_1(x) = \frac{1}{3}e^{4x} + \frac{2}{3}e^{-2x}, \quad u_2(x) = \frac{1}{6}e^{4x} - \frac{1}{6}e^{-2x}$$

となる. このような 2 つの解 $u_1(x), u_2(x)$ を利用すると, たとえば, 初期条件

$$y(0) = -2, \quad y'(0) = 5$$

を満たす解は

$$\begin{aligned} y &= -2u_1(x) + 5u_2(x) \\ &= -2\left(\frac{1}{3}e^{4x} + \frac{2}{3}e^{-2x}\right) + 5\left(\frac{1}{6}e^{4x} - \frac{1}{6}e^{-2x}\right) = \frac{1}{6}e^{4x} - \frac{13}{6}e^{-2x} \end{aligned}$$

であることが簡単にわかる.

ここで力学における質点の振動を例に取り上げて, 初期条件の意味について考えてみよう (3 ページ, 例 3 参照).

摩擦のない水平面上でバネに結ばれた質点の直線運動 (単振動) を考える. 質点の質量を m, バネの定数を k とし, 平衡状態における質点の位置を原点 O にとり, 時刻 t における質点の変位 (位置) を $y = y(t)$ とするとき, 質点に加わる力は変位 y に比例するから, ニュートンの運動法則によると

$$m\frac{d^2 y}{dt^2} = -ky$$

が成り立つ. ここで, $\omega = \sqrt{\dfrac{k}{m}}$ とおくと

$$\frac{d^2 y}{dt^2} + \omega^2 y = 0$$

となる. この微分方程式の特性根は $\pm \omega i$ であるから, 一般解は

$$y = c_1 \cos \omega t + c_2 \sin \omega t$$

である.

§6 同次方程式の初期値問題

ここで，質点を $y = Y_0$ の位置までずらしておいて時刻 $t = 0$ において静かに離すとき，初期条件は

$$y(0) = Y_0, \quad y'(0) = 0$$

となり，また質点を平衡の位置から速度 V_0 で動かし始めるとき，初期条件は

$$y(0) = 0, \quad y'(0) = V_0$$

となる．これらの初期条件に対応する解はそれぞれ次の通りである．

$$y = Y_0 \cos \omega t, \quad y = \frac{V_0}{\omega} \sin \omega t \tag{6.4}$$

次に，質点を $y = Y_0$ の位置から，速度 V_0 で動かしはじめると，初期条件は

$$y(0) = Y_0, \quad y'(0) = V_0$$

となるが，対応する解は (6.4) に示した 2 つの解の和で与えられ，三角関数の合成を行うと

$$y = Y_0 \cos \omega t + \frac{V_0}{\omega} \sin \omega t = A \sin(\omega t + \delta)$$

$\left(\text{ただし}, A = \sqrt{Y_0{}^2 + (V_0/\omega)^2}\right)$ となる．いずれの初期条件の下でも，質点の運動は周期 $T = \dfrac{2\pi}{\omega} = 2\pi\sqrt{\dfrac{m}{k}}$ の単振動であり，そのグラフは下図の通りである．

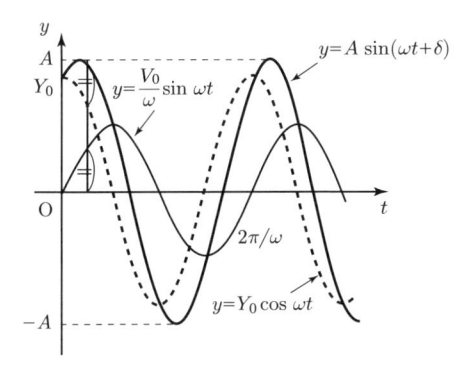

解の一意性 2階同次線形方程式

$$y'' + ay' + by = 0 \tag{6.1}$$

の初期値問題の解が必ず存在することは定理 6.1 で示されたが，ここではその解はただ一つしかないことをいくつかの段階に分けて示す．

補題 1. 初期値問題

$$y'' + ky = 0, \quad y(0) = 0, \; y'(0) = 0$$

の解は $y = 0$ だけである．ただし，k は定数とする．

証明 $k > 0, k = 0, k < 0$ の場合に分けて証明する．
$k > 0$ のとき，微分方程式の両辺に $2y'$ をかけると

$$2y'y'' + k \cdot 2yy' = 0 \quad \text{つまり} \quad \{y'^2 + ky^2\}' = 0$$

となるから，x で積分すると $y'^2 + ky^2 = C$ (C は定数) となる．ここで，$x = 0$ とおくと初期条件から $C = 0$ となるので，

$$y'^2 + ky^2 = 0$$

である．$k > 0$ であるから，つねに $y' = y = 0$ である．

$k = 0$ のとき，$y'' = 0$ を x で2回積分すると，

$$y = c_1 x + c_2 \quad (c_1, c_2 \text{ は定数})$$

となるが，初期条件から $c_1 = c_2 = 0$ となるので，つねに $y = 0$ である．

$k < 0$ のとき，$k = -m^2$ となる正の数 m をとると，微分方程式は

$$y'' - m^2 y = 0 \quad \text{より} \quad (y' - my)' + m(y' - my) = 0$$

と表される．$u = y' - my$ とおくと，u は初期値問題

$$u' + mu = 0, \quad u(0) = y'(0) - my(0) = 0$$

の解となる．この方程式の一般解は $u = Ce^{-mx}$ であり，初期条件 $u(0) = 0$ から，$C = 0$ となるので，$u = 0$ である．したがって，y は初期値問題

$$y' - my = 0, \quad y(0) = 0$$

の解であり，u の場合と同様に，$y = 0$ となる．(証明おわり)

§6 同次方程式の初期値問題

補題 2. 初期値問題
$$y'' + ay' + by = 0, \quad y(0) = 0, \quad y'(0) = 0$$
の解は $y = 0$ だけである．

証明 関数 $z = z(x)$ を $z(x) = e^{\frac{a}{2}x}y(x)$，つまり，$y = e^{-\frac{a}{2}x}z$ で定めると，
$$y' = e^{-\frac{a}{2}x}\left(z' - \frac{a}{2}z\right), \quad y'' = e^{-\frac{a}{2}x}\left(z'' - az' + \frac{a^2}{4}z\right)$$
であるから，これらを微分方程式に代入すると
$$e^{-\frac{a}{2}x}\left\{z'' + \left(b - \frac{a^2}{4}\right)z\right\} = 0 \quad \text{より} \quad z'' + \left(b - \frac{a^2}{4}\right)z = 0$$
が得られる．また，y の初期条件より，z の満たす初期条件は
$$z(0) = y(0) = 0, \quad z'(0) = y'(0) + \frac{a}{2}y(0) = 0$$
であるから，補題 1 で $k = b - \dfrac{a^2}{4}$ とおいた場合と考えると，つねに
$$z(x) = 0 \quad \text{したがって} \quad y(x) = 0$$
である．(証明おわり)

補題 3. 定数 x_0 に対して，初期値問題
$$y'' + ay' + by = 0, \quad y(x_0) = 0, \quad y'(x_0) = 0$$
の解は $y = 0$ だけである．

証明 任意の解 $y = y(x)$ に対して，$z(x) = y(x + x_0)$ とおくと，
$$z'(x) = y'(x + x_0), \quad z''(x) = y''(x + x_0)$$
$$z(0) = y(x_0) = 0, \quad z'(0) = y'(x_0) = 0$$
であるから，$z = z(x)$ は初期値問題
$$z'' + az' + bz = 0, \quad z(0) = 0, \quad z'(0) = 0$$
の解である．したがって，補題 2 より任意の x に対して，
$$z(x) = 0 \quad \text{すなわち} \quad y(x + x_0) = 0$$
が成り立つから，つねに $y(x) = 0$ である．(証明おわり)

以上の準備の下で, 初期値問題の解に関して次の定理を示すことができる.

定理 6.2　x_0, α_0, α_1 を与えられた定数とするとき, 初期値問題
$$y'' + ay' + by = 0, \qquad y(x_0) = \alpha_0, \ y'(x_0) = \alpha_1$$
の解は存在して, ただ一つである.

証明　すでに定理 6.1 において初期値問題の解の存在が示されているので, そこで得られた解を $Y(x)$ とし, 任意の解を $y(x)$ とするとき,
$$z(x) = y(x) - Y(x)$$
とおく. $z = z(x)$ は
$$\begin{aligned}
z'' + az' + bz &= (y-Y)'' + a(y-Y)' + b(y-Y) \\
&= y'' + ay' + by - (Y'' + aY' + bY) = 0, \\
z(x_0) &= y(x_0) - Y(x_0) = \alpha_0 - \alpha_0 = 0, \\
z'(x_0) &= y'(x_0) - Y'(x_0) = \alpha_1 - \alpha_1 = 0
\end{aligned}$$
を満たすから, 補題 3 によると $z(x)$ はつねに 0 である. したがって,
$$y(x) - Y(x) = 0 \quad \text{すなわち} \quad y(x) = Y(x)$$
がつねに成り立つ. よって, 初期値問題の解はただ一つである. (証明おわり)

2 階同次線形方程式
$$y'' + ay' + by = 0 \tag{6.1}$$
の任意の解は, ある定数 x_0 をとると, $x = x_0$ において一定の初期条件を満たすので, 一つの初期値問題の解となるが, 定理 6.2 によるとそれらはすべて定理 6.1 で得られた解と一致する. その解は, 定理 6.1 における解の導き方からわかるとおり, 定理 5.3 (40 ページ) において示された一般解
$$y(x) = c_1 y_1(x) + c_2 y_2(x)$$
に含まれる任意定数 c_1, c_2 を適当に選ぶことによって得られるものである.

結果として, 2 階同次線形方程式 (6.1) の解は定理 5.3 において一般解として示されたもの以外には存在しないことがわかる.

§6 同次方程式の初期値問題

━━━━━━ 演習問題 ━━━━━━

問題 6.1 次の初期値問題の解を求めよ.

(1) $y'' + 3y' - 4y = 0$, $y(0) = 4$, $y'(0) = -1$

(2) $y'' - 4y = 0$, $y(0) = -1$, $y'(0) = 10$

(3) $y'' - 6y' + 9y = 0$, $y(0) = 2$, $y'(0) = 5$

(4) $y'' - 4y' + 5y = 0$, $y(0) = 3$, $y'(0) = 10$

(5) $y'' - 2y' - y = 0$, $y(0) = 4$, $y'(0) = 0$

(6) $y'' + 9y = 0$, $y(\frac{\pi}{2}) = 2$, $y'(\frac{\pi}{2}) = 6$

問題 6.2 微分方程式 $y'' - y' - 20y = 0$ において, 初期条件

$$y(0) = 1, \ y'(0) = 0; \qquad y(0) = 0, \ y'(0) = 1$$

を満たす解をそれぞれ $u_1(x)$, $u_2(x)$ とする.

(1) $u_1(x)$, $u_2(x)$ を求めよ.

(2) 初期条件 $y(0) = \alpha_0$, $y'(0) = \alpha_1$ (α_0, α_1 は定数) を満たす解 $y(x)$ を $u_1(x)$, $u_2(x)$ を利用して求めよ.

問題 6.3 微分方程式 $y'' + 4y = 0$ において, 次の初期条件を満たす解をそれぞれ求めよ.

(1) $y(0) = \sqrt{3}$, $y'(0) = 0$

(2) $y(0) = 0$, $y'(0) = 2$

(3) $y(0) = \sqrt{3}$, $y'(0) = 2$

問題 6.4 初期値問題 $y'' + 2y = 0$, $y(0) = 3$, $y'(0) = 2$ の解を $y(x)$ とするとき, $E(x) = \{y'(x)\}^2 + 2\{y(x)\}^2$ は定数であることを示せ.

§7 定数係数高階同次線形微分方程式の解

基本解・一般解 次の節で述べる非同次方程式の未定係数法の説明において，定数係数 n 階同次線形微分方程式

$$y^{(n)} + a_1 y^{(n-1)} + \cdots\cdots + a_{n-1} y' + a_n y = 0 \tag{7.1}$$

の解についての知識が必要となる．方程式 (7.1) の解については 2 階方程式と同様に論じることができるので，ここで述べておく．

2 階線形方程式の場合と同様に方程式 (7.1) に対して，λ の n 次方程式

$$\lambda^n + a_1 \lambda^{n-1} + \cdots\cdots + a_{n-1} \lambda + a_n = 0 \tag{7.2}$$

を (7.1) の**特性方程式**といい，その解を**特性根**という．

実数または虚数 α が (7.1) の特性根であって，特性方程式 (7.2) の左辺が λ の多項式として $(\lambda - \alpha)^l$ では (複素数の範囲で) 割り切れるが $(\lambda - \alpha)^{l+1}$ では割り切れないとき，α を重複度 l の特性根という．方程式 (7.1) の係数 $a_1, a_2, \cdots, a_n$ は実数としているので $\alpha = p + qi$ が虚数で重複度 l の特性根のとき，α に共役な虚数 $\bar{\alpha} = p - qi$ も重複度 l の特性根である．

実数 α が重複度 l の特性根であるとき，方程式 (7.1) は

$$l \text{ 個の解} \quad e^{\alpha x}, \ xe^{\alpha x}, \ \cdots, \ x^{l-1} e^{\alpha x} \tag{7.3}$$

を持ち，また虚数 $p \pm qi$ が重複度 m の特性根であるとき，方程式 (7.1) は

$$2m \text{ 個の解} \quad \begin{cases} e^{px} \cos qx, \ xe^{px} \cos qx, \ \cdots, \ x^{m-1} e^{px} \cos qx \\ e^{px} \sin qx, \ xe^{px} \sin qx, \ \cdots, \ x^{m-1} e^{px} \sin qx \end{cases} \tag{7.4}$$

を持つことがわかっている．

一般に n 次方程式は重複度を込めて (つまり，重複度 k の解は k 個として) 数えると，ちょうど n 個の解を持つから，特性方程式 (7.2) も n 個の解を持ち，微分方程式 (7.1) は n 個の特性根を持つ．これらの特性根に対応して，(7.3), (7.4) の形で表される微分方程式 (7.1) の解が n 個得られるが，これら n 個の解が 1 次独立であることもわかっている．

2 階同次方程式の場合と同じように，微分方程式 (7.1) の 1 次独立な n 個の解を**基本解**ということにすると，次のようにまとめることができる．

§7 定数係数高階同次線形微分方程式の解

> **定理 7.1**　n 階同次線形微分方程式 (7.1) の n 個の特性根において, 重複度 l の実数の特性根 α には l 個の関数
>
> $$e^{\alpha x},\ xe^{\alpha x},\ \cdots,\ x^{l-1}e^{\alpha x}$$
>
> を, また, 重複度 m の虚数の特性根 $p \pm qi$ には $2m$ 個の関数
>
> $$\begin{cases} e^{px}\cos qx,\ xe^{px}\cos qx,\ \cdots,\ x^{m-1}e^{px}\cos qx \\ e^{px}\sin qx,\ xe^{px}\sin qx,\ \cdots,\ x^{m-1}e^{px}\sin qx \end{cases}$$
>
> をそれぞれ対応させることによって得られる n 個の関数は (7.1) の 1 組の基本解となる.

$y_1(x), y_2(x), \cdots, y_n(x)$ を方程式 (7.2) の基本解とするとき, これらの定数倍の和 (1 次結合) で表される関数

$$y = c_1 y_1(x) + c_2 y_2(x) + \cdots + c_n y_n(x)$$

($c_1, c_2, \cdots, c_n$ は任意定数) も方程式の線形性によってやはり解となるが, これが (7.1) の**一般解**である.

例 1.　$y''' - 2y'' - y' + 2y = 0$

特性方程式 $\lambda^3 - 2\lambda^2 - \lambda + 2 = 0$ つまり $(\lambda-1)(\lambda-2)(\lambda+1) = 0$ より特性根は $1, 2, -1$ であるから, 一般解は次の通りである.

$$y = c_1 e^x + c_2 e^{2x} + c_3 e^{-x}$$

例 2.　$y''' + 2y'' + 2y' + 4y = 0$

特性方程式 $\lambda^3 + 2\lambda^2 + 2\lambda + 4 = 0$ つまり $(\lambda+2)(\lambda^2+2) = 0$ より特性根は $-2, \pm\sqrt{2}i$ であるから, 一般解は次の通りである.

$$y = c_1 e^{-2x} + c_2 \cos\sqrt{2}\,x + c_3 \sin\sqrt{2}\,x$$

例 3.　$y^{(4)} + 4y'' + 4y = 0$

特性方程式 $\lambda^4 + 4\lambda^2 + 4 = 0$ つまり $(\lambda^2+2)^2 = 0$ より, 特性根は $\pm\sqrt{2}\,i$ (重複度は 2) であるから, 一般解は次の通りである.

$$y = (c_1 + c_2 x)\cos\sqrt{2}\,x + (c_3 + c_4 x)\sin\sqrt{2}\,x$$

ロンスキー行列式 最後にロンスキー行列式について述べておく.

n 個の関数 $u_1(x), u_2(x), \cdots, u_n(x)$ に対して, **ロンスキー行列式**あるいは**ロンスキアン** (Wronskian) $W(u_1, u_2, \cdots, u_n) = W(u_1, u_2, \cdots, u_n)(x)$ を

$$W(u_1, u_2, \cdots, u_n)(x) = \begin{vmatrix} u_1 & u_2 & \cdots & u_n \\ u_1' & u_2' & \cdots & u_n' \\ \vdots & \vdots & \ddots & \vdots \\ u_1^{(n-1)} & u_2^{(n-1)} & \cdots & u_n^{(n-1)} \end{vmatrix}$$

によって定義する.

n 階同次方程式 (7.1) の n 個の解 $z_1(x), z_2(x), \cdots, z_n(x)$ のロンスキー行列式 $W(x) = W(z_1, z_2, \cdots, z_n)(x)$ は

$$W'(x) = -a_1 W(x)$$

を満たすことが, 積に関する微分公式と行列式の性質から確かめられる. したがって, 一つの実数 x_0 を取ると, 任意の実数 x に対して

$$W(x) = W(x_0) e^{-a_1(x-x_0)}$$

が成り立つ.

例 4. 例 2 の方程式の基本解 $e^{-2x}, \cos\sqrt{2}x, \sin\sqrt{2}x$ のロンスキー行列式は

$$W(e^{-2x}, \cos\sqrt{2}x, \sin\sqrt{2}x)(x) = \begin{vmatrix} e^{-2x} & \cos\sqrt{2}x & \sin\sqrt{2}x \\ -2e^{-2x} & -\sqrt{2}\sin\sqrt{2}x & \sqrt{2}\cos\sqrt{2}x \\ 4e^{-2x} & -2\cos\sqrt{2}x & -2\sin\sqrt{2}x \end{vmatrix}$$

$$= 6\sqrt{2}\, e^{-2x}$$

であり, 確かに方程式 $W'(x) = -2W(x)$ を満たす.

さらに, 2 階同次方程式の場合と同様に, 初期値問題の一意性などによって, 次のことがわかる.

定理 7.2 n 階同次線形微分方程式 (7.1) の n 個の解 $z_1(x), z_2(x), \cdots, z_n(x)$ が 1 次独立であるための必要十分な条件は任意の実数 x に対して

$$W(z_1, z_2, \cdots, z_n)(x) \neq 0$$

が成り立つことである.

§7 定数係数高階同次線形微分方程式の解

■■■■■■■■■■ **演習問題** ■■■■■■■■■■

問題 7.1 次の3階線形微分方程式の基本解を求め，ロンスキー行列式を計算せよ．また，一般解を求めよ．

(1) $y''' - y'' - 4y' + 4y = 0$　　　(2) $y''' - 3y' + 2y = 0$

(3) $y''' + 3y'' + 3y' + y = 0$　　　(4) $y''' - 4y'' + 5y' = 0$

問題 7.2 次の4階線形微分方程式の一般解を求めよ．

(1) $y^{(4)} - 5y'' + 4y = 0$

(2) $y^{(4)} - 3y''' + y'' + 3y' - 2y = 0$

(3) $y^{(4)} - 2y'' + y = 0$

(4) $y^{(4)} - 2y''' + 2y' - y = 0$

(5) $y^{(4)} - 4y''' + 6y'' - 4y' + y = 0$

(6) $y^{(4)} - 2y''' + 4y'' + 2y' - 5y = 0$

(7) $y^{(4)} - 4y''' + 10y'' - 12y' + 5y = 0$

(8) $y^{(4)} + 5y'' + 4y = 0$

(9) $y^{(4)} + 2y'' + y = 0$

§8　非同次方程式の解：未定係数法

解の構造　定数係数2階非同次線形方程式

$$y'' + ay' + by = Q(x) \tag{8.1}$$

(a, b は定数) の解について調べよう.

関数 $\eta(x)$ が (8.1) を満たすとき $\eta(x)$ を特殊解といい, また (8.1) の解全体を一般解という. $\eta(x)$ を特殊解とし, $Y(x)$ を任意の解とするとき, 微分作用素 $L[y] = y'' + ay' + by$ を用いると

$$L[\eta] = Q(x), \qquad L[Y] = Q(x)$$

が成り立つから,

$$L[Y - \eta] = L[Y] - L[\eta] = Q(x) - Q(x) = 0$$

となる. これより, $Y(x) - \eta(x)$ は同次方程式

$$L[y] = y'' + ay' + by = 0 \tag{8.2}$$

の解であり, (8.2) の基本解を $y_1(x), y_2(x)$ とするとき, 定理 5.3 (40 ページ) より

$$Y - \eta = c_1 y_1 + c_2 y_2 \quad \text{つまり} \quad Y(x) = c_1 y_1(x) + c_2 y_2(x) + \eta(x)$$

(c_1, c_2 は任意定数) が成り立つ. したがって, 標語的には

$$\begin{bmatrix} \text{非同次方程式 (8.1)} \\ \text{の一般解} \end{bmatrix} = \begin{bmatrix} \text{同次方程式 (8.2)} \\ \text{の一般解} \end{bmatrix} + \begin{bmatrix} \text{非同次方程式 (8.1)} \\ \text{の特殊解} \end{bmatrix}$$

の関係にある. 定理としてまとめると次の通りである.

定理 8.1　非同次方程式 (8.1) の一つの特殊解を $\eta(x)$ とし, 同次方程式 (8.2) の基本解を $y_1(x), y_2(x)$ とするとき, (8.1) の一般解 $y(x)$ は

$$y(x) = c_1 y_1(x) + c_2 y_2(x) + \eta(x)$$

(c_1, c_2 は任意定数) と表される.

なお, 同次方程式 (8.2) の一般解を非同次方程式 (8.1) の**余関数**とよぶこともある.

§8 非同次方程式の解：未定係数法

例 1. $\eta(x) = e^x \sin 2x$ が微分方程式
$$y'' - 2y' + y = -4e^x \sin 2x$$
の解であることを示し，さらに一般解を求めよう．
$$\eta'(x) = e^x(\sin 2x + 2\cos 2x), \quad \eta''(x) = e^x(-3\sin 2x + 4\cos 2x)$$
より
$$\begin{aligned}&\eta''(x) - 2\eta'(x) + \eta(x) \\ &= e^x(-3\sin 2x + 4\cos 2x) - 2e^x(\sin 2x + 2\cos 2x) + e^x \sin 2x \\ &= -4e^x \sin 2x\end{aligned}$$
となるから，$\eta(x)$ は一つの解 (特殊解) である．また，同次方程式の一般解 (余関数) は $(c_1 + c_2 x)e^x$ であるから求める一般解は
$$y = (c_1 + c_2 x)e^x + e^x \sin 2x = e^x(c_1 + c_2 x + \sin 2x)$$
(c_1, c_2 は任意定数) である．

例 2. $\eta_1(x) = e^x + e^{-x}$, $\eta_2(x) = e^x - e^{-x}$, $\eta_3(x) = e^x + e^{-x} + 2e^{2x}$ がすべて非同次方程式
$$y'' + ay' + by = Q(x)$$
の解であるとき，この方程式の一般解を求めよう．非同次方程式の解の差は同次方程式の解だから
$$\eta_1(x) - \eta_2(x) = 2e^{-x}, \quad \eta_3(x) - \eta_1(x) = 2e^{2x}$$
は同次方程式 $y'' + ay' + by = 0$ の解であり，これらは 1 次独立だから基本解でもある．よって求める一般解は
$$y = d_1 \cdot 2e^{-x} + d_2 \cdot 2e^{2x} + \eta_1(x) = c_1 e^{-x} + c_2 e^{2x} + e^x$$
($c_1 = 1 + 2d_1$, $c_2 = 2d_2$ は任意定数) である．

(注) $2e^{-x}$, $2e^{2x}$ が同次方程式 $y'' + ay' + by = 0$ の解だから，特性根は -1, 2 であり，特性方程式の解と係数の関係から $a = -1$, $b = -2$ である．さらに，$y'' + ay' + by = Q(x)$ の特殊解として e^x をとると
$$Q(x) = (e^x)'' - (e^x)' - 2e^x = -2e^x$$
もわかる．

未定係数法 2 階非同次線形方程式

$$y'' + ay' + by = Q(x) \tag{8.1}$$

を解くには，定理 8.1 より一つの特殊解と余関数がわかればよい．余関数つまり同次方程式の一般解についてはすでに扱ったので，ここからは特殊解の求め方を考えよう．

まず初めに，$Q(x)$ ($\neq 0$) が

多項式，　三角関数，　指数関数

であるときには 1 階線形非同次方程式と同様に特殊解となる関数の形が特定でき，その係数だけを決めることによって特殊解が得られる (未定係数法)．

実際，これらの $Q(x)$ に対して，非同次方程式 (8.1) の特殊解 $\eta(x)$ は次に示す形で求まることが知られている．ここで，表現を簡潔にするため定数 α が同次方程式 (8.2) の特性方程式 $\lambda^2 + a\lambda + b = 0$ の解であるが，重解ではないときには単解と呼ぶことにする．また，以下の $A, B, \cdots, \alpha, \beta$ は与えられた定数であり，$k, l, \cdots, m$ は未定係数である．

特殊解の形

(I) $Q(x) = Ax^d + Bx^{d-1} + \cdots$ (d 次多項式) の場合
  - 0 が特性方程式の解でないとき　　$\eta(x) = kx^d + lx^{d-1} + \cdots + m$
  - 0 が特性方程式の単解のとき　　　$\eta(x) = x(kx^d + lx^{d-1} + \cdots + m)$
  - 0 が特性方程式の重解のとき　　　$\eta(x) = x^2(kx^d + lx^{d-1} + \cdots + m)$

(II) $Q(x) = A\cos\alpha x + B\sin\alpha x$ (三角関数) の場合
  - $\pm\alpha i$ が特性方程式の解でないとき　$\eta(x) = k\cos\alpha x + l\sin\alpha x$
  - $\pm\alpha i$ が特性方程式の解のとき　　　$\eta(x) = x(k\cos\alpha x + l\sin\alpha x)$

(III) $Q(x) = Ae^{\beta x}$ (指数関数) の場合
  - β が特性方程式の解でないとき　$\eta(x) = ke^{\beta x}$
  - β が特性方程式の単解のとき　　$\eta(x) = kxe^{\beta x}$
  - β が特性方程式の重解のとき　　$\eta(x) = kx^2 e^{\beta x}$

取り扱う特性方程式は実数係数の 2 次方程式だから，(II) において $\pm\alpha i$ は重解にならないことを注意しておく．

§8 非同次方程式の解：未定係数法

例 3. $y'' - y' - 2y = 4x^2$

0 は特性根ではないから，特殊解として $Q(x) = 4x^2$ と同じ次数の多項式をとれるので，$\eta(x) = kx^2 + lx + m$ とおける．

$$\eta'' - \eta' - 2\eta = 2k - (2kx + l) - 2(kx^2 + lx + m)$$
$$= -2kx^2 - 2(k+l)x + 2k - l - 2m$$

となるから，$-2k = 4, \ -2(k+l) = 0, \ 2k - l - 2m = 0$ より $k = -2, l = 2, m = -3$ であり，特殊解 $\eta(x)$ は次の通りである．

$$\eta(x) = -2x^2 + 2x - 3$$

例 4. $y'' - y' - 2y = 20\cos 2x$

$\pm 2i$ は特性根ではないから，$\eta(x) = k\cos 2x + l\sin 2x$ とおける．

$$\eta'' - \eta' - 2\eta = -(6k + 2l)\cos 2x + (2k - 6l)\sin 2x$$

となるから，$-(6k + 2l) = 20, \ 2k - 6l = 0$ より $k = -3, l = -1$ であり，特殊解 $\eta(x)$ は次の通りである．

$$\eta(x) = -3\cos 2x - \sin 2x$$

例 5. $y'' - y' - 2y = 8e^{3x}$

3 は特性根ではないから，$\eta(x) = ke^{3x}$ とおける．

$$\eta'' - \eta' - 2\eta = 9ke^{3x} - 3ke^{3x} - 2ke^{3x} = 4ke^{3x}$$

となるから，非同次方程式の右辺と係数を比較すると $4k = 8$ より $k = 2$ であり，特殊解 $\eta(x)$ は次の通りである．

$$\eta(x) = 2e^{3x}$$

例 6. $y'' - y' - 2y = 6e^{2x}$

2 は特性方程式の単解だから，$\eta(x) = kxe^{2x}$ とおける．

$$\eta'' - \eta' - 2\eta = 3ke^{2x}$$

となるから，$3k = 6$ より $k = 2$ であり，特殊解 $\eta(x)$ は次の通りである．

$$\eta(x) = 2xe^{2x}$$

積の場合 未定係数法は $Q(x)$ が多項式，三角関数，指数関数の積の場合にも有効である．この場合に $Q(x)$ を一々場合分けして特殊解の形を述べるのはあまりにも煩雑であるから，一般的な原理を述べよう．

以下，x について1回微分することを表すのに ′ (ダッシュ) ではなく D を用いる．すなわち，x の関数 $f(x)$ に対して，

$$Df(x) = f'(x), \quad D^2 f(x) = D\left(Df(x)\right) = f''(x), \quad \cdots$$

である．

例 7. 方程式 $y'' - 5y' + 6y = xe^{3x}$ を D を用いて表すと

$$D^2 y - 5Dy + 6y = xe^{3x} \quad \text{つまり} \quad (D^2 - 5D + 6)y = xe^{3x}$$

である．なお，D の式は因数分解することができ

$$(D-2)(D-3)y = xe^{3x}$$

と書くこともできる．

非同次方程式 (8.1) は D を用いて表すと

$$(D^2 + aD + b)y = Q(x) \tag{8.1}$$

となる．補助となる同次方程式 (8.2) は

$$(D^2 + aD + b)y = 0 \tag{8.2}$$

である．(8.1) の特殊解は次のようにして求めることができる．

Step 1. $Q(x)$ が多項式，三角関数，指数関数の積のとき，定理 7.1 より $Q(x)$ はある定数係数同次線形微分方程式を満たす．まず，その微分方程式

$$(D^m + \alpha_1 D^{m-1} + \cdots + \alpha_m)Q = 0$$

を求める．

例 7 (つづき)．$Q(x) = xe^{3x}$ は $(D-3)^2 Q = 0$ を満たす．

Step 2. つぎに Step 1 で求めた方程式の左辺の微分作用素 (D の式) を (8.1) に作用させて高階の同次線形微分方程式

$$(D^m + \alpha_1 D^{m-1} + \cdots + \alpha_m)(D^2 + aD + b)y = 0 \tag{8.3}$$

をつくる．

§8 非同次方程式の解：未定係数法

例 7 (つづき)． $(D^2 - 5D + 6)y = xe^{3x}$ に対しては
$$(D-3)^2(D^2 - 5D + 6)y = 0 \quad \text{つまり} \quad (D-2)(D-3)^3 y = 0$$
である．

このとき, (8.1), (8.2), (8.3) の解について次が成り立つ.

```
┌─────────────────── (8.3) の解全体 ───────────────────┐
│  ┌──── (8.2) の解全体 ────┐  ┌──── (8.1) の解全体 ────┐  │
│  │ $y = c_1 y_1(x) + c_2 y_2(x)$ │  │ $y = c_1 y_1(x) + c_2 y_2(x) + \eta(x)$ │  │
│  │ $c_1 = c_2 = 0$ ならば $y = 0$ │  │ $c_1 = c_2 = 0$ ならば $y = \eta(x)$ │  │
│  └─────────────────────┘  └─────────────────────┘  │
└─────────────────────────────────────────────────┘
```

つまり，非同次方程式 (8.1) の解も同次方程式 (8.2) の解も高階同次方程式 (8.3) の解になるが, (8.1) の解全体と (8.2) の解全体に共通部分はなく, 特殊解 $\eta(x)$ の分だけずれている．このことより, $\eta(x)$ は (8.3) の解であるが, (8.2) の解ではない関数から探せばよい.

例 7 (つづき)． $(D^2 - 5D + 6)y = xe^{3x}$ に対しては

$(D-2)(D-3)y = 0$ の一般解： $y = c_1 e^{2x} + c_2 e^{3x}$

$(D-2)(D-3)^3 y = 0$ の一般解： $y = c_1 e^{2x} + c_2 e^{3x} + c_3 x e^{3x} + c_4 x^2 e^{3x}$

であるから特殊解 $\eta(x)$ は
$$\eta(x) = c_3 x e^{3x} + c_4 x^2 e^{3x}$$
とおいて $(D^2 - 5D + 6)y = xe^{3x}$ を満たすように係数 c_3, c_4 を決めればよい．具体的には $c_3 = -1$, $c_4 = \dfrac{1}{2}$ である．

Step 3. 最後に Step 2 で求めた $\eta(x)$ に (8.2) の一般解を加えて非同次方程式 (8.1) の一般解が得られる．

例 7 (つづき)． $(D^2 - 5D + 6)y = xe^{3x}$ の一般解は次のようになる．
$$y = c_1 e^{2x} + c_2 e^{3x} - x e^{3x} + \frac{1}{2} x^2 e^{3x}$$

重ね合わせの原理 $Q(x)$ が多項式, 三角関数, 指数関数, およびこれらの積の定数倍の和 (1 次結合) である場合には次の重ね合わせの原理を用いて 1 つの解を構成することができる.

定理 8.2 非同次方程式

$$y'' + ay' + by = Q_1(x), \qquad y'' + ay' + by = Q_2(x)$$

の特殊解の一つがそれぞれ $\eta_1(x), \eta_2(x)$ であるとき, 定数 k_1, k_2 に対して非同次方程式

$$y'' + ay' + by = k_1 Q_1(x) + k_2 Q_2(x) \tag{8.4}$$

の一つの特殊解は $k_1 \eta_1(x) + k_2 \eta_2(x)$ である.

証明 $L[y] = y'' + ay' + by$ とおく. $\eta_1(x), \eta_2(x)$ は $L[\eta_1] = Q_1(x), L[\eta_2] = Q_2(x)$ を満たすから,

$$L[k_1 \eta_1(x) + k_2 \eta_2(x)] = k_1 L[\eta_1(x)] + k_2 L[\eta_2(x)] = k_1 Q_1(x) + k_2 Q_2(x)$$

が成り立ち, $k_1 \eta_1(x) + k_2 \eta_2(x)$ は (8.4) の特殊解である. (証明おわり)

例 8. $L[y] = y'' + 2y' + 2y$ とするとき, 非同次方程式

$$L[y] = e^x, \qquad L[y] = \sin x$$

はそれぞれ $\eta(x) = \dfrac{1}{5} e^x, \zeta(x) = \dfrac{1}{5}(\sin x - 2\cos x)$ を特殊解に持つから, 非同次方程式

$$L[y] = 10e^x, \qquad L[y] = 5e^x - 10\sin x$$

はそれぞれ $10\eta(x) = 2e^x, 5\eta(x) - 10\zeta(x) = e^x - 2\sin x + 4\cos x$ を特殊解に持つことがわかる.

例 9. 非同次方程式 $y'' - y' - 2y = e^x + 4x$ の特殊解 $\eta(x)$ を求めよう. 2 つの非同次方程式

$$y'' - y' - 2y = e^x, \quad y'' - y' - 2y = 4x$$

の特殊解はそれぞれ $-\dfrac{1}{2} e^x, -2x + 1$ であるから, 求める特殊解 $\eta(x)$ は次の通りである.

$$\eta(x) = -\dfrac{1}{2} e^x - 2x + 1$$

§8 非同次方程式の解：未定係数法　　　　　　　　　　　　　　　　　　61

############################ 演習問題 ############################

問題 8.1 次の各微分方程式において，$\eta(x)$ が特殊解であることを示し，さらに一般解を求めよ．

（1） $y'' + y' = 2x$, 　　　　　　　$\eta(x) = x^2 - 2x$

（2） $y'' + 4y' + 13y = 40\cos 3x$, 　$\eta(x) = \cos 3x + 3\sin 3x$

（3） $y'' - 4y' - 12y = 9e^{-3x}$, 　　$\eta(x) = e^{-3x}$

問題 8.2 次の非同次方程式の特殊解 $\eta(x)$ を求めよ．

（1） $y'' - 3y' + 2y = 2x^2 - 6x$ 　　　（2） $y'' - 2y' = -8x$

（3） $y'' - 2y' + y = 5\cos 2x$ 　　　　（4） $y'' + y = 4\cos x + 2\sin x$

（5） $y'' + 2y' - 8y = 18e^{-x}$ 　　　　（6） $y'' - 6y' + 5y = 2e^x$

問題 8.3 次の関数を解として持つような定数係数同次線形微分方程式のうち，最も階数の低いものを求めよ．

（1） $y = xe^{2x}$ 　　　　（2） $y = e^{2x}\cos x$ 　　　　（3） $y = x\sin x$

問題 8.4 次の非同次方程式の一般解を求めよ．

（1） $y'' - 4y = 8xe^{2x}$ 　　　　　　（2） $y'' - 4y' + 4y = 2xe^{2x}$

（3） $y'' - 2y' + y = e^{2x}\cos x$ 　　（4） $y'' - 4y' + 5y = e^{2x}\cos x$

（5） $y'' + 4y = 3x\sin x$ 　　　　　　（6） $y'' + y = 4x\sin x$

問題 8.5 次の非同次方程式の一般解を求めよ．

（1） $y'' - 2y' + 3y = e^x + e^{2x}$ 　　（2） $y'' - 3y' + 2y = e^x + e^{-x}$

（3） $y'' - 2y' = 5\sin x + 6e^{3x}$ 　　（4） $y'' - 5y' + 6y = 6x + 4e^{-x}$

（5） $y'' - 2y' = -4x + 8\sin 2x$ 　　（6） $y'' + 3y' + 2y = 10\cos x + 20\cos 2x$

§9 非同次方程式の解：定数変化法

解の公式 2階非同次線形方程式

$$y'' + ay' + by = Q(x) \tag{9.1}$$

において非同次項 $Q(x)$ が一般の関数である場合に，特殊解 $\eta(x)$ の有効な求め方である**定数変化法**を示す．

同次方程式

$$y'' + ay' + by = 0 \tag{9.2}$$

の基本解を $y_1(x)$, $y_2(x)$ とする．同次方程式の一般解は $c_1 y_1(x) + c_2 y_2(x)$ (c_1, c_2 は定数) と表されるが，ここで定数 c_1, c_2 を関数 $C_1(x)$, $C_2(x)$ に置き換えて得られる関数

$$\eta(x) = C_1(x) y_1(x) + C_2(x) y_2(x) \tag{9.3}$$

が非同次方程式 (9.1) を満たすように $C_1(x)$, $C_2(x)$ を定めることによって，特殊解 $\eta(x)$ を求めるのが定数変化法である．

(9.3) を微分すると，

$$\eta'(x) = C_1'(x) y_1(x) + C_2'(x) y_2(x) + C_1(x) y_1'(x) + C_2(x) y_2'(x)$$

となるが，ここで特に条件

$$C_1'(x) y_1(x) + C_2'(x) y_2(x) = 0 \tag{9.4}$$

を満たす関数 $C_1(x)$, $C_2(x)$ だけを考えることにすると，

$$\eta'(x) = C_1(x) y_1'(x) + C_2(x) y_2'(x) \tag{9.5}$$

となり，さらに微分すると

$$\eta''(x) = C_1'(x) y_1'(x) + C_2'(x) y_2'(x) + C_1(x) y_1''(x) + C_2(x) y_2''(x) \tag{9.6}$$

となる．$y_1(x)$, $y_2(x)$ が同次方程式の解であることから，(9.3), (9.5), (9.6) より，

$$\begin{aligned}
& \eta'' + a\eta' + b\eta \\
&= (C_1' y_1' + C_2' y_2' + C_1 y_1'' + C_2 y_2'') + a(C_1 y_1' + C_2 y_2') + b(C_1 y_1 + C_2 y_2) \\
&= C_1' y_1' + C_2' y_2' + C_1(y_1'' + a y_1' + b y_1) + C_2(y_2'' + a y_2' + b y_2) \\
&= C_1' y_1' + C_2' y_2'
\end{aligned}$$

§9 非同次方程式の解：定数変化法

となるから, $\eta(x)$ が (9.1) の特殊解となるための条件は

$$C_1'(x)y_1'(x) + C_2'(x)y_2'(x) = Q(x) \tag{9.7}$$

である．

(9.4), (9.7) の 2 式は $C_1'(x), C_2'(x)$ についての連立方程式

$$\begin{bmatrix} y_1(x) & y_2(x) \\ y_1'(x) & y_2'(x) \end{bmatrix} \begin{bmatrix} C_1'(x) \\ C_2'(x) \end{bmatrix} = \begin{bmatrix} 0 \\ Q(x) \end{bmatrix}$$

とみなすことができる．ここで, 係数行列の行列式はロンスキー行列式

$$W(y_1, y_2)(x) = \begin{vmatrix} y_1(x) & y_2(x) \\ y_1'(x) & y_2'(x) \end{vmatrix} = y_1(x)y_2'(x) - y_2(x)y_1'(x)$$

であるが, 39 ページで調べたように 0 にはならないから, 係数行列は逆行列をもち, それを両辺に左からかけることによって $C_1'(x), C_2'(x)$ が得られる．具体的には

$$\begin{bmatrix} C_1'(x) \\ C_2'(x) \end{bmatrix} = \frac{1}{W(y_1, y_2)(x)} \begin{bmatrix} y_2'(x) & -y_2(x) \\ -y_1'(x) & y_1(x) \end{bmatrix} \begin{bmatrix} 0 \\ Q(x) \end{bmatrix}$$

より

$$C_1'(x) = \frac{-y_2(x)Q(x)}{W(y_1, y_2)(x)}, \quad C_2'(x) = \frac{y_1(x)Q(x)}{W(y_1, y_2)(x)}$$

である．これらを積分すると $C_1(x), C_2(x)$ が求まる．そこで, (9.3) に戻ると (9.1) の特殊解として

$$\eta(x) = -y_1(x) \int \frac{y_2(x)Q(x)}{W(y_1, y_2)(x)} \, dx + y_2(x) \int \frac{y_1(x)Q(x)}{W(y_1, y_2)(x)} \, dx \tag{9.8}$$

が得られ, 次の一般解の公式が得られる．

定理 9.1　非同次方程式 (9.1) の一般解は

$$y = c_1 y_1(x) + c_2 y_2(x) - y_1(x) \int \frac{y_2(x)Q(x)}{W(y_1, y_2)(x)} \, dx + y_2(x) \int \frac{y_1(x)Q(x)}{W(y_1, y_2)(x)} \, dx$$

で与えられる．ここで, $y_1(x), y_2(x)$ は同次方程式 (9.2) の基本解であり, $W(y_1, y_2)(x) = y_1(x)y_2'(x) - y_2(x)y_1'(x)$ はロンスキー行列式である．

例1. 非同次方程式 $y'' - y' - 2y = 3e^{2x}$ の特殊解 $\eta(x)$ を求めよう．

同次方程式の特性根は $2, -1$ である．基本解として $y_1(x) = e^{2x}, y_2(x) = e^{-x}$ をとると，$W(y_1, y_2) = \begin{vmatrix} e^{2x} & e^{-x} \\ 2e^{2x} & -e^{-x} \end{vmatrix} = -3e^x$ となる．よって，(9.8) より

$$\eta(x) = -e^{2x} \int \frac{e^{-x} \cdot 3e^{2x}}{-3e^x} dx + e^{-x} \int \frac{e^{2x} \cdot 3e^{2x}}{-3e^x} dx$$
$$= e^{2x} \cdot x - e^{-x} \cdot \frac{1}{3} e^{3x} = xe^{2x} - \frac{1}{3} e^{2x}$$

である．

(注) $\dfrac{1}{3} e^{2x}$ は同次方程式の解だから，$\eta(x)$ として xe^{2x} を取ることもできる．

例2. 非同次方程式 $y'' - 2y' + y = \sqrt{x} e^x$ の特殊解 $\eta(x)$ を求めよう．

同次方程式の特性根は 1 (重解) である．基本解として $y_1(x) = e^x, y_2(x) = xe^x$ をとると，$W(y_1, y_2) = \begin{vmatrix} e^x & xe^x \\ e^x & e^x + xe^x \end{vmatrix} = e^{2x}$ となる．よって，(9.8) より

$$\eta(x) = -e^x \int \frac{xe^x \cdot \sqrt{x} e^x}{e^{2x}} dx + xe^x \int \frac{e^x \cdot \sqrt{x} e^x}{e^{2x}} dx$$
$$= -e^x \cdot \frac{2}{5} x^2 \sqrt{x} + xe^x \cdot \frac{2}{3} x\sqrt{x} = \frac{4}{15} x^2 \sqrt{x} e^x$$

である．

例3. 非同次方程式 $y'' + 4y = \dfrac{4}{\sin 2x}$ の特殊解 $\eta(x)$ を求めよう．

同次方程式の特性根は $\pm 2i$ である．基本解として $y_1(x) = \cos 2x, y_2(x) = \sin 2x$ をとると，$W(y_1, y_2) = \begin{vmatrix} \cos 2x & \sin 2x \\ -2\sin 2x & 2\cos 2x \end{vmatrix} = 2$ となる．よって，(9.8) より

$$\eta(x) = -\cos 2x \int \frac{1}{2} \sin 2x \cdot \frac{4}{\sin 2x} dx + \sin 2x \int \frac{1}{2} \cos 2x \cdot \frac{4}{\sin 2x} dx$$
$$= -\cos 2x \int 2\, dx + \sin 2x \int \frac{(\sin 2x)'}{\sin 2x} dx$$
$$= -2x \cos 2x + \sin 2x \log|\sin 2x|$$

である．

§9 非同次方程式の解：定数変化法

例 4. 初期値問題 $y'' - 2y' + y = (6x+2)e^x$, $y(0) = 2$, $y'(0) = 1$ の解を求めよう．

同次方程式の基本解は $y_1(x) = e^x$, $y_2(x) = xe^x$ であるから，$W(y_1, y_2) = e^{2x}$ となる．よって，一般解 $y(x)$ は

$$y = (c_1 + c_2 x)e^x - e^x \int \frac{xe^x \cdot (6x+2)e^x}{e^{2x}} dx + xe^x \int \frac{e^x \cdot (6x+2)e^x}{e^{2x}} dx$$

$$= (c_1 + c_2 x)e^x - (2x^3 + x^2)e^x + x(3x^2 + 2x)e^x$$

$$= (c_1 + c_2 x + x^2 + x^3)e^x$$

となる．このとき

$$y' = \{c_1 + c_2 + (c_2 + 2)x + 4x^2 + x^3\}e^x$$

であるから，初期条件 $y(0) = c_1 = 2$, $y'(0) = c_1 + c_2 = 1$ より $c_1 = 2$, $c_2 = -1$ となり，求める解は

$$y(x) = (x^3 + x^2 - x + 2)e^x$$

である．

例 5. ω を正の定数とするとき，連続な関数 $f(x)$ に対して初期値問題

$$y'' + \omega^2 y = f(x), \qquad y(0) = 0, \quad y'(0) = 0$$

の解が $y = \dfrac{1}{\omega} \displaystyle\int_0^x f(t) \sin\omega(x-t) dt$ と表されることを示そう．

同次方程式の特性根は $\pm\omega i$ であるから，基本解として $y_1(x) = \cos\omega x$, $y_2(x) = \sin\omega x$ をとると，$W(y_1, y_2) = \omega$ となる．よって，定理 9.1 より，一般解は

$$y = c_1 \cos\omega x + c_2 \sin\omega x - \cos\omega x \int_0^x \frac{f(t)\sin\omega t}{\omega} dt + \sin\omega x \int_0^x \frac{f(t)\cos\omega t}{\omega} dt$$

と表される．初期条件より $c_1 = c_2 = 0$ となるから，求める解は

$$y = -\cos\omega x \int_0^x \frac{f(t)\sin\omega t}{\omega} dt + \sin\omega x \int_0^x \frac{f(t)\cos\omega t}{\omega} dt$$

$$= \frac{1}{\omega} \int_0^x f(t)(-\cos\omega x \sin\omega t + \sin\omega x \cos\omega t)\, dt$$

$$= \frac{1}{\omega} \int_0^x f(t) \sin\omega(x-t)\, dt$$

である．

演習問題

問題 9.1 次の非同次方程式の一般解を求めよ．

(1) $y'' - 6y' + 9y = 8e^{3x}$

(2) $y'' - y' = \dfrac{e^x}{1 + e^x}$

(3) $y'' + 2y' + y = \dfrac{e^{-x}}{x}$

(4) $y'' - 2y' + y = \dfrac{e^x}{\sqrt{x}}$

(5) $y'' - 4y' + 4y = \dfrac{e^{2x}}{x^2 + 1}$

(6) $y'' - 4y' + 4y = \dfrac{xe^{2x}}{x^2 + 1}$

(7) $y'' + 4y' + 4y = 4e^{-2x} \log x$

(8) $y'' + 6y' + 9y = 12x^2 e^{-3x} \log x$

(9) $y'' - 2y' + y = \dfrac{e^x}{\sqrt{1 - x^2}}$

(10) $y'' + y = 3 \sin^2 x$

問題 9.2 次の初期値問題の解を求めよ．

(1) $y'' + y = 2 \sin x, \qquad y(0) = 2,\ y'(0) = -1$

(2) $y'' - 2y' + y = 2e^x, \qquad y(0) = 2,\ y'(0) = 1$

(3) $y'' + 9y = 10 \sin 2x, \qquad y(0) = 0,\ y'(0) = 10$

(4) $y'' - 5y' + 6y = 2e^{3x}, \qquad y(0) = 1,\ y'(0) = 6$

(5) $y'' - 2y' + 17y = 34e^{2x}, \quad y(0) = 4,\ y'(0) = 10$

§10 変数係数線形方程式

オイラーの微分方程式 ここでは, 変数係数 2 階線形微分方程式

$$y'' + P_1(x)y' + P_2(x)y = Q(x) \tag{10.1}$$

において, 変数変換によって定数係数微分方程式に帰着される場合と, 対応する同次方程式の 0 以外の一つの解がわかる場合に限って一般解の求め方を示す.

独立変数の変換によって, 定数係数微分方程式に変換される 1 つの例として, **オイラー (Euler) の微分方程式**を取り上げる. それは, a, b を定数とするとき

$$x^2 y'' + axy' + by = Q(x) \tag{10.2}$$

と表される微分方程式である. ここで, (10.2) の両辺を x^2 で割ると (10.1) の形の微分方程式になることに注意する.

以下, $x > 0$ として, 最初は同次方程式

$$x^2 y'' + axy' + by = 0 \tag{10.3}$$

について考える.

$x = e^t$ つまり $t = \log x$ とおくことによって, 独立変数を x から t に変換し, y を t の関数とみなすことにする.

このとき, $\dfrac{dt}{dx} = \dfrac{1}{x} = e^{-t}$ であるから, 合成関数の微分公式を用いると

$$\frac{dy}{dx} = \frac{dt}{dx}\frac{dy}{dt} = e^{-t}\frac{dy}{dt},$$

$$\frac{d^2 y}{dx^2} = \frac{d}{dx}\left(\frac{dy}{dx}\right) = e^{-t}\frac{d}{dt}\left(e^{-t}\frac{dy}{dt}\right) = e^{-2t}\left(\frac{d^2 y}{dt^2} - \frac{dy}{dt}\right)$$

となる. さらに, これらの式の両辺に, それぞれ $x = e^t, x^2 = e^{2t}$ をかけると,

$$x\frac{dy}{dx} = \frac{dy}{dt}, \qquad x^2 \frac{d^2 y}{dx^2} = \frac{d^2 y}{dt^2} - \frac{dy}{dt}$$

となるから, (10.3) は独立変数が t の定数係数同次線形方程式

$$\frac{d^2 y}{dt^2} + (a-1)\frac{dy}{dt} + by = 0 \tag{10.4}$$

に変換される.

同次線形方程式 (10.4) の特性方程式

$$\mu^2 + (a-1)\mu + b = 0$$

を同次方程式 (10.3) の**決定方程式**というが, この解を μ_1, μ_2 とするとき, 定理 5.3 (40 ページ) から, (10.3) は次の一般解を持つことがわかる.

(i) 　μ_1, μ_2 が異なる実数解のとき
$$y = c_1 e^{\mu_1 t} + c_2 e^{\mu_2 t} = c_1 x^{\mu_1} + c_2 x^{\mu_2}$$

(ii) 　$\mu_1 = \mu_2$ が実数の重解のとき
$$y = (c_1 + c_2 t)e^{\mu_1 t} = x^{\mu_1}(c_1 + c_2 \log x)$$

(iii) 　μ_1, μ_2 が共役な虚数解 $p \pm qi$ (p, q は実数で $q > 0$) のとき
$$y = e^{pt}(c_1 \cos qt + c_2 \sin qt) = x^p \{c_1 \cos(q \log x) + c_2 \sin(q \log x)\}$$

$$(c_1, c_2 \text{ は任意定数})$$

例 1. 　$x^2 y'' - 5xy' + 9y = 0$

独立変数を $x = e^t$ と変換すると,

$$\frac{d^2 y}{dt^2} - 6\frac{dy}{dt} + 9y = 0$$

となり, これの特性方程式, つまり, もとの方程式の決定方程式の解は 3 (重解) であるから, 上の (ii) のタイプである. よって, 一般解は

$$y = x^3(c_1 + c_2 \log x) \qquad (c_1, c_2 \text{ は任意定数})$$

である.

例 2. 　$x^2 y'' + xy' + 4y = 0$

独立変数を $x = e^t$ と変換すると,

$$\frac{d^2 y}{dt^2} + 4y = 0$$

となり, 決定方程式の解は $\pm 2i$ であるから, 上の (iii) のタイプである. よって, 一般解は

$$y = c_1 \cos(2 \log x) + c_2 \sin(2 \log x) \qquad (c_1, c_2 \text{ は任意定数})$$

である.

§10 変数係数線形方程式

非同次方程式 (10.2) の解法は次の通りである．まず，変数変換 $x = e^t$ によって定数係数非同次方程式

$$\frac{d^2y}{dt^2} + (a-1)\frac{dy}{dt} + by = Q(e^t) \tag{10.5}$$

に変換する．ここで，(10.5) の特殊解を未定係数法または定数変化法などによって求め，その特殊解 $\eta(t)$ において，$t = \log x$ と置き換えて得られる関数 $\eta(\log x)$ は (10.2) の特殊解となるから，あとは同次方程式 (10.3) の一般解を加え合わせると (10.2) の一般解が得られる．

例 3. $x^2 y'' - 4xy' + 6y = \dfrac{24}{x}$

独立変数を $x = e^t$ と変換すると，

$$\frac{d^2y}{dt^2} - 5\frac{dy}{dt} + 6y = 24e^{-t}$$

となる．この方程式の特殊解は $\eta(t) = ke^{-t}$ とおける．代入すると，

$$ke^{-t} + 5ke^{-t} + 6ke^{-t} = 24e^{-t} \quad \text{より} \quad k = 2$$

となるから，$\eta(t) = 2e^{-t}$ より，もとの方程式の特殊解は $\eta(\log x) = 2e^{-\log x} = \dfrac{2}{x}$ である．また，決定方程式の解は 2, 3 であるから，一般解は

$$y = c_1 x^2 + c_2 x^3 + \frac{2}{x} \qquad (c_1, c_2 \text{ は任意定数})$$

である．

例 4. $x^2 y'' - 3xy' + 5y = 25 \log x$

独立変数を $x = e^t$ と変換すると，

$$\frac{d^2y}{dt^2} - 4\frac{dy}{dt} + 5y = 25t$$

となる．この方程式の特殊解は $\eta(t) = kt + l$ とおける．代入すると，

$$0 - 4k + 5(kt + l) = 25t \quad \text{より} \quad k = 5, \, l = 4$$

となるから，$\eta(t) = 5t + 4$ より，もとの方程式の特殊解は $\eta(\log x) = 5\log x + 4$ である．また，決定方程式の解は $2 \pm i$ であるから，一般解は

$$y = x^2 \{c_1 \cos(\log x) + c_2 \sin(\log x)\} + 5\log x + 4 \qquad (c_1, c_2 \text{ は任意定数})$$

である．

階数低下法 変数係数 2 階線形微分方程式

$$y'' + P_1(x)y' + P_2(x)y = Q(x) \tag{10.6}$$

において，対応する同次方程式

$$y'' + P_1(x)y' + P_2(x)y = 0 \tag{10.7}$$

の 0 でない一つの解がわかるとき，(10.6) を 1 階線形微分方程式に帰着させて，その一般解を求めることができる．このような解法を**階数低下法**という．

同次方程式 (10.7) の恒等的には 0 でない解 $y_1(x)$ が得られたとき，

$$y(x) = y_1(x)u(x) \tag{10.8}$$

の形で (10.6) の一般解を求める．(10.6) に代入し整理すると，

$$y_1 u'' + \{2y_1' + P_1(x)y_1\}u' + \{y_1'' + P_1(x)y_1' + P_2(x)y_1\}u = Q(x)$$

となるが，$y_1(x)$ が (10.7) の解であるから右の { } 内は 0 であり，

$$y_1 u'' + \{2y_1' + P_1(x)y_1\}u' = Q(x)$$

となる．ここで，両辺を y_1 で割って，$v(x) = u'(x)$ とおくと，$v = v(x)$ に関する 1 階線形微分方程式

$$v' + \left\{\frac{2y_1'(x)}{y_1(x)} + P_1(x)\right\}v = \frac{Q(x)}{y_1(x)}$$

が得られる．両辺に積分因子 (20 ページ)

$$e^{\int \{\frac{2y_1'(x)}{y_1(x)} + P_1(x)\}dx} = e^{2\log|y_1(x)| + \int P_1(x)dx} = y_1(x)^2 e^{\int P_1(x)dx}$$

を掛けると

$$\left\{y_1(x)^2 e^{\int P_1(x)dx} v\right\}' = y_1(x) e^{\int P_1(x)dx} Q(x)$$

となる．これを積分して $v(x)$ を求めると，

$$v(x) = y_1(x)^{-2} e^{-\int P_1(x)dx} \left\{\int y_1(x) e^{\int P_1(x)dx} Q(x)\, dx + C\right\} \tag{10.9}$$

(C は任意定数) となる．ここで，$u'(x) = v(x)$ であるから，(10.9) の右辺を積分すると $u(x)$ が求まり，その結果を (10.8) に代入すると，(10.6) の一般解 $y(x)$ が得られることになる．

§10 変数係数線形方程式

特に, $Q(x) = 0$ つまり同次方程式の場合には, (10.9) より
$$u = \int v(x)\,dx = C\int y_1(x)^{-2} e^{-\int P_1(x)dx}\,dx + C'$$
(C' は任意定数) となるから, $C = 1$, $C' = 0$ とおくと, 同次方程式 (10.7) の第 2 の解として
$$y_2(x) = y_1(x)\int y_1(x)^{-2} e^{-\int P_1(x)dx}\,dx$$
が得られる.

このとき, $y_1(x)$, $y_2(x)$ は 1 次独立であることを示しておこう.
$$c_1 y_1(x) + c_2 y_2(x) = 0$$
つまり
$$y_1(x)\left\{c_1 + c_2 \int y_1(x)^{-2} e^{-\int P_1(x)dx}\,dx\right\} = 0$$
とすると, $y_1(x)$ は恒等的には 0 ではないので,
$$c_1 + c_2 \int y_1(x)^{-2} e^{-\int P_1(x)dx}\,dx = 0 \tag{10.10}$$
である. ここで, 両辺を x で微分すると
$$c_2 y_1(x)^{-2} e^{-\int P_1(x)dx} = 0$$
となるので, $c_2 = 0$ であり, (10.10) に戻ると, $c_1 = 0$ である. したがって, $y_1(x)$, $y_2(x)$ は 1 次独立である.

変数係数 2 階線形微分方程式においても, 定数係数の場合と同様に同次方程式 (10.7) の 2 個の 1 次独立な解 $y_1(x)$, $y_2(x)$ を基本解という. また, (10.7) の一般解 $y(x)$ は基本解 $y_1(x)$, $y_2(x)$ を用いて
$$y(x) = c_1 y_1(x) + c_2 y_2(x) \quad (c_1, c_2 \text{ は任意定数})$$
と表される. さらに, 非同次方程式 (10.6) の特殊解を $\eta(x)$ とすると, (10.6) の一般解 $y(x)$ は
$$y(x) = c_1 y_1(x) + c_2 y_2(x) + \eta(x) \quad (c_1, c_2 \text{ は任意定数})$$
と表される.

例 5. 同次線形方程式
$$xy'' + (x+2)y' + y = 0$$
において, $y_1(x) = \dfrac{1}{x}$ が解であることを利用して一般解を求めてみよう.

まず, 両辺を x で割ると (10.6) の形の方程式になることに注意する.
$$x\left(\frac{1}{x}\right)'' + (x+2)\left(\frac{1}{x}\right)' + \frac{1}{x} = x\cdot\frac{2}{x^3} + (x+2)\left(-\frac{1}{x^2}\right) + \frac{1}{x} = 0$$
であるから, 確かに $y_1(x) = \dfrac{1}{x}$ は解である. そこで, 一般解を
$$y(x) = y_1(x)u(x) = \frac{u(x)}{x}$$
の形で求める. 方程式に代入して, $u(x)$ の方程式に直すと
$$x\left(\frac{u''}{x} - \frac{2u'}{x^2} + \frac{2u}{x^3}\right) + (x+2)\left(\frac{u'}{x} - \frac{u}{x^2}\right) + \frac{u}{x} = 0$$
より
$$u'' + u' = 0$$
となる. この定数係数線形微分方程式の特性根は $0, -1$ であるから, その一般解は $u(x) = c_1 + c_2 e^{-x}$ である. したがって, 求める一般解は
$$y(x) = \frac{c_1 + c_2 e^{-x}}{x} \quad (c_1, c_2 \text{ は任意定数})$$
である.

(注) もとの方程式は
$$(xy' + y)' + (xy' + y) = 0$$
と変形できる. $v = xy' + y$ とおくと, $v' + v = 0$ であるから, $v = Ce^{-x}$ である. したがって,
$$xy' + y = Ce^{-x} \quad \text{すなわち} \quad (xy)' = Ce^{-x}$$
を積分して,
$$xy = C' - Ce^{-x} \quad \text{より} \quad y = \frac{C' - Ce^{-x}}{x} \quad (C, C' \text{ は任意定数})$$
と導くこともできる.

§10 変数係数線形方程式

例 6. 非同次線形方程式

$$(x+1)y'' - (2x+3)y' + (x+2)y = 3(x+1)^2 e^x$$

において, $y_1(x) = e^x$ が対応する同次方程式の解であることを利用して一般解を求めてみよう.

$y_1(x) = e^x$ は $y_1'' = y_1' = y_1$ を満たすので, $y_1(x) = e^x$ が同次方程式

$$(x+1)y'' - (2x+3)y' + (x+2)y = 0$$

の解であることは明らかである.

そこで, 一般解を $y(x) = e^x u(x)$ の形で求める. もとの方程式に代入し, $u(x)$ の方程式に直すと,

$$(x+1)e^x(u'' + 2u' + u) - (2x+3)e^x(u' + u) + (x+2)e^x u = 3(x+1)^2 e^x$$

より

$$u'' - \frac{1}{x+1}u' = 3(x+1)$$

となる. 両辺に積分因子

$$e^{\int -\frac{1}{x+1}dx} = e^{-\log(x+1)} = \frac{1}{x+1}$$

を掛けると

$$\left(\frac{u'}{x+1}\right)' = 3 \quad \text{より} \quad \frac{u'}{x+1} = 3x + C$$

となる. さらに, 分母を払って,

$$\begin{aligned}
u' &= (x+1)(3x+C) \\
&= (x+1)\{3(x+1) - 3 + C\} = 3(x+1)^2 + (C-3)(x+1)
\end{aligned}$$

を積分すると

$$u = (x+1)^3 + \frac{1}{2}(C-3)(x+1)^2 + C_2$$

となる. ここで, 任意定数を取り直して, $C_1 = \frac{1}{2}(C-3)$ とおくと, 求める一般解は

$$y(x) = \{(x+1)^3 + C_1(x+1)^2 + C_2\}e^x \quad (C_1, C_2 \text{ は任意定数})$$

と表される.

演習問題

問題 10.1 $x > 0$ において，次のオイラーの微分方程式の一般解を求めよ．

(1) $x^2 y'' + 5xy' + 4y = 0$

(2) $x^2 y'' - xy' + 10y = 0$

(3) $x^2 y'' + 4xy' + 2y = 12x$

(4) $x^2 y'' - xy' + y = \sqrt{x}$

(5) $x^2 y'' + xy' + 4y = 16 \log x$

(6) $x^2 y'' - 2y = x^2$

問題 10.2 次の同次線形方程式において，$y_1(x)$ が解であることを利用して一般解を求めよ．

(1) $xy'' - (2x-1)y' + (x-1)y = 0, \quad y_1(x) = e^x$

(2) $xy'' + (3-x)y' - 2y = 0, \quad y_1(x) = \dfrac{1}{x^2}$

(3) $(1+x^2)y'' - 2xy' + 2y = 0, \quad y_1(x) = x$

問題 10.3 次の非同次線形方程式において，$y_1(x)$ が対応する同次方程式の解であることを利用して一般解を求めよ．

(1) $xy'' + (x+2)y' + y = 2e^x, \quad y_1(x) = \dfrac{1}{x}$

(2) $xy'' - (x+1)y' + y = x^2, \quad y_1(x) = e^x$

(3) $xy'' - (2x+1)y' + (x+1)y = xe^x, \quad y_1(x) = e^x$

第4章
1階連立線形微分方程式

§11　高階線形微分方程式への変換

導入　未知の関数 $y_1(x), y_2(x), \cdots, y_n(x)$ に関する定数係数1階連立線形微分方程式は

$$\begin{cases} y_1' = a_{11}y_1 + a_{12}y_2 + \cdots + a_{1n}y_n + f_1(x) \\ y_2' = a_{21}y_1 + a_{22}y_2 + \cdots + a_{2n}y_n + f_2(x) \\ \quad\vdots \qquad\quad \vdots \qquad\quad \vdots \qquad\quad \vdots \qquad\quad \vdots \qquad \vdots \\ y_n' = a_{n1}y_1 + a_{n2}y_2 + \cdots + a_{nn}y_n + f_n(x) \end{cases} \quad (11.1)$$

と表される．ここで，係数 a_{ij} ($1 \leqq i \leqq n$, $1 \leqq j \leqq n$) は定数であり，$f_k(x)$ ($1 \leqq k \leqq n$) は与えられた関数である．

n 次正方行列 A と n 次ベクトル関数 $\boldsymbol{y} = \boldsymbol{y}(x)$, $\boldsymbol{f}(x)$ を

$$A = [a_{ij}], \quad \boldsymbol{y} = \begin{bmatrix} y_1(x) \\ y_2(x) \\ \vdots \\ y_n(x) \end{bmatrix}, \quad \boldsymbol{f}(x) = \begin{bmatrix} f_1(x) \\ f_2(x) \\ \vdots \\ f_n(x) \end{bmatrix}$$

と定めると，連立方程式 (11.1) は簡単に

$$\frac{d\boldsymbol{y}}{dx} = A\boldsymbol{y} + \boldsymbol{f}(x) \quad (11.2)$$

と表すことができる．

(11.2) において，単独の線形微分方程式の場合と同様に，$\boldsymbol{f}(x) \neq \boldsymbol{0}$ のとき非同次方程式といい，$\boldsymbol{f}(x) = \boldsymbol{0}$ のとき同次方程式という．

以後, 簡単のために, $n = 2$ の場合に限って扱うことにする.

この場合, (11.1) は

$$\begin{cases} y_1' = a_{11}y_1 + a_{12}y_2 + f_1(x) \\ y_2' = a_{21}y_1 + a_{22}y_2 + f_2(x) \end{cases} \tag{11.3}$$

となる. ここで,

$$A = \begin{bmatrix} a_{11} & a_{12} \\ a_{21} & a_{22} \end{bmatrix}, \quad \boldsymbol{y} = \begin{bmatrix} y_1(x) \\ y_2(x) \end{bmatrix}, \quad \boldsymbol{f}(x) = \begin{bmatrix} f_1(x) \\ f_2(x) \end{bmatrix}$$

とおくと, (11.3) はやはり (11.2) で表される.

2個の未知の関数に関する1階連立線形微分方程式と2階線形微分方程式は密接に関連している.

まず最初に, 2階線形微分方程式

$$y'' + ay' + by = Q(x) \tag{11.4}$$

は1階連立線形微分方程式に変換されることを示す. 変数変換

$$y_1(x) = y(x), \quad y_2(x) = y'(x)$$

を行うと, $y''(x) = y_2'(x)$ であるから (11.4) は

$$\begin{cases} y_1' = y_2 \\ y_2' = -by_1 - ay_2 + Q(x) \end{cases}$$

と書き直すことができる. また, これを (11.2) の形で表すと

$$\frac{d}{dx}\begin{bmatrix} y_1 \\ y_2 \end{bmatrix} = \begin{bmatrix} 0 & 1 \\ -b & -a \end{bmatrix}\begin{bmatrix} y_1 \\ y_2 \end{bmatrix} + \begin{bmatrix} 0 \\ Q(x) \end{bmatrix}$$

となる.

逆に, 1階連立微分方程式 (11.3) から, $y_1(x)$ または $y_2(x)$ 単独の2階線形微分方程式を導くこともでき, それを利用して (11.3) の解が求められることを次に示す.

§11 高階線形微分方程式への変換

消去法による解法 58 ページで導入した微分することを表す記号 D を用いると (11.3) は

$$\begin{cases} Dy_1 = a_{11}y_1 + a_{12}y_2 + f_1(x) \\ Dy_2 = a_{21}y_1 + a_{22}y_2 + f_2(x) \end{cases}$$

となるが, さらに

$$\begin{cases} (D-a_{11})y_1 - a_{12}y_2 = f_1(x) & (11.5) \\ -a_{21}y_1 + (D-a_{22})y_2 = f_2(x) & (11.6) \end{cases}$$

と変形する.

ここで, $a_{12} = 0$ のときには, (11.5) は $y_1(x)$ だけに関する 1 階線形微分方程式となるから, その解を求め, (11.6) に代入して得られる $y_2(x)$ に関する 1 階線形微分方程式を解くとよい. そこで, 以下では, $a_{12} \neq 0$ を仮定する.

$(D-a_{22}) \cdot (11.5) + a_{12} \cdot (11.6)$ を考えて整理すると, $y_1(x)$ に関する 2 階線形微分方程式

$$D^2 y_1 - (a_{11}+a_{22})Dy_1 + (a_{11}a_{22} - a_{12}a_{21})y_1 = (D-a_{22})f_1(x) + a_{12}f_2(x) \quad (11.7)$$

が導かれる. 必要ならば, 同様にして $y_2(x)$ に関する方程式も導かれる.

§§8–9 で学んだ非同次線形方程式の解法を利用すると, (11.7) の一般解 $y_1(x)$ が求まる. さらにその解を (11.5) に代入すると, $a_{12} \neq 0$ のもとでは $y_2(x)$ が求まり, 連立微分方程式 (11.3) の一般解が得られることになる.

最後に, (11.7) の特性方程式

$$\lambda^2 - (a_{11}+a_{22})\lambda + (a_{11}a_{22} - a_{12}a_{21}) = 0$$

は, $A = \begin{bmatrix} a_{11} & a_{12} \\ a_{21} & a_{22} \end{bmatrix}$ の固有方程式

$$|\lambda E - A| = 0 \quad (E \text{ は単位行列})$$

すなわち

$$\begin{vmatrix} \lambda - a_{11} & -a_{12} \\ -a_{21} & \lambda - a_{22} \end{vmatrix} = \lambda^2 - (a_{11}+a_{22})\lambda + (a_{11}a_{22} - a_{12}a_{21}) = 0$$

と一致していることに注意する.

それでは，1階連立微分方程式を実際に解いてみよう．

例 1. $\begin{cases} y_1' = 3y_1 - y_2 \\ y_2' = 2y_1 + y_2 \end{cases}$

$$\begin{cases} (D-3)y_1 + y_2 = 0 \\ -2y_1 + (D-1)y_2 = 0 \end{cases}$$

と整理すると，$(D-1) \cdot (\text{第 1 式}) - (\text{第 2 式})$ より

$$\{(D-1)(D-3)+2\}y_1 = 0 \quad \text{すなわち} \quad (D^2 - 4D + 5)y_1 = 0$$

が導かれる．特性根は $2 \pm i$ であるから，この方程式の一般解は

$$y_1 = e^{2x}(c_1 \cos x + c_2 \sin x) \qquad (c_1, c_2 \text{ は任意の定数})$$

である．このとき，第 1 式より

$$y_2 = -(D-3)y_1 = e^{2x}\{(c_1 - c_2)\cos x + (c_1 + c_2)\sin x\}$$

である．

例 2. $\begin{cases} y_1' = y_1 + 2y_2 + 4e^x \\ y_2' = -y_1 + 4y_2 + 7e^x \end{cases}$

$$\begin{cases} (D-1)y_1 - 2y_2 = 4e^x \\ y_1 + (D-4)y_2 = 7e^x \end{cases}$$

と整理すると，$(D-4) \cdot (\text{第 1 式}) + 2 \cdot (\text{第 2 式})$ より

$$\{(D-4)(D-1)+2\}y_1 = 4(D-4)e^x + 14e^x$$

すなわち

$$(D^2 - 5D + 6)y_1 = 2e^x$$

が導かれる．同次方程式の特性根は $2, 3$ であり，この非同次方程式の特殊解は $\eta(x) = e^x$ であるから，一般解は

$$y_1 = c_1 e^{2x} + c_2 e^{3x} + e^x \qquad (c_1, c_2 \text{ は任意の定数})$$

である．このとき，第 1 式より

$$y_2 = \frac{1}{2}(D-1)y_1 - 2e^x = \frac{1}{2}c_1 e^{2x} + c_2 e^{3x} - 2e^x$$

である．

§11 高階線形微分方程式への変換

次に初期値問題を解いてみよう．

例 3. $\begin{cases} y_1' = 3y_1 + 2y_2, & y_1(0) = 3 \\ y_2' = 3y_1 - 2y_2, & y_2(0) = -2 \end{cases}$

方程式を
$$\begin{cases} (D-3)y_1 - 2y_2 = 0 \\ -3y_1 + (D+2)y_2 = 0 \end{cases}$$
と整理すると，$(D+2)\cdot(\text{第}1\text{式}) + 2\cdot(\text{第}2\text{式})$ より
$$\{(D+2)(D-3) - 6\}y_1 = 0 \quad \text{すなわち} \quad (D^2 - D - 12)y_1 = 0$$
が導かれる．特性根は $4, -3$ であるから，この方程式の一般解は
$$y_1 = c_1 e^{4x} + c_2 e^{-3x} \qquad (c_1, c_2 \text{ は任意の定数})$$
である．このとき，第 1 式より
$$y_2 = \frac{1}{2}(D-3)y_1 = \frac{1}{2}c_1 e^{4x} - 3c_2 e^{-3x}$$
となる．

ここで，初期条件
$$\begin{cases} y_1(0) = c_1 + c_2 = 3 \\ y_2(0) = \dfrac{1}{2}c_1 - 3c_2 = -2 \end{cases}$$
より，$c_1 = 2, c_2 = 1$ となるから，求める初期値問題の解は
$$\begin{cases} y_1 = 2e^{4x} + e^{-3x} \\ y_2 = e^{4x} - 3e^{-3x} \end{cases}$$
である．

（注意）$y_1 = c_1 e^{4x} + c_2 e^{-3x}$ を導いたあと，
$$y_1(0) = 3, \quad y_1'(0) = 3y_1(0) + 2y_2(0) = 5$$
を利用して，$c_1 = 2, c_2 = 1$ を定めると，y_1 を単独で求めることができる．つぎに，第 1 式から y_2 を求めてもよい．

例4. $\begin{cases} y_1' = 4y_1 + y_2 - \cos x, & y_1(0) = 2 \\ y_2' = -y_1 + 2y_2 + 13\sin x, & y_2(0) = -2 \end{cases}$

方程式を
$$\begin{cases} (D-4)y_1 - y_2 = -\cos x \\ y_1 + (D-2)y_2 = 13\sin x \end{cases}$$
と整理すると, $(D-2) \cdot$ (第1式) + (第2式) より
$$\{(D-2)(D-4)+1\}y_1 = -(D-2)\cos x + 13\sin x$$
すなわち
$$(D^2 - 6D + 9)y_1 = 2\cos x + 14\sin x \tag{11.8}$$
が導かれる. 同次方程式 $(D^2 - 6D + 9)y = 0$ の特性根は 3 (重解) であり, 一般解は $y = (c_1 + c_2 x)e^{3x}$ である. また, (11.8) の特殊解を
$$\eta(x) = k\cos x + l\sin x$$
とおいて, 代入すると
$$(8k - 6l)\cos x + (6k + 8l)\sin x = 2\cos x + 14\sin x \quad \text{より} \quad k = l = 1$$
となる. したがって, (11.8) の一般解は
$$y_1 = (c_1 + c_2 x)e^{3x} + \cos x + \sin x \quad (c_1, c_2 \text{ は任意定数})$$
であり, 微分すると
$$y_1' = (3c_1 + c_2 + 3c_2 x)e^{3x} - \sin x + \cos x$$
となる. ここで, 与えられた初期条件より
$$y_1(0) = 2, \quad y'(0) = 4y_1(0) + y_2(0) - \cos 0 = 5$$
であるから,
$$y_1(0) = c_1 + 1 = 2, \quad y_1'(0) = 3c_1 + c_2 + 1 = 5$$
より $c_1 = c_2 = 1$ となる. したがって,
$$y_1 = (1 + x)e^{3x} + \cos x + \sin x$$
であり, 第1式より
$$y_2 = (D-4)y_1 + \cos x = -xe^{3x} - 2\cos x - 5\sin x$$
である.

§11 高階線形微分方程式への変換

################ 演習問題 ################

問題 11.1 次の連立線形微分方程式の初期値問題の解を求めよ．

(1) $\begin{cases} y_1' = 3y_1 + y_2, & y_1(0) = 4 \\ y_2' = y_1 + 3y_2, & y_2(0) = 2 \end{cases}$

(2) $\begin{cases} y_1' = 3y_1 - y_2, & y_1(0) = -2 \\ y_2' = y_1 + 3y_2, & y_2(0) = 1 \end{cases}$

(3) $\begin{cases} y_1' = 3y_1 - 5y_2, & y_1(0) = 3 \\ y_2' = 4y_1 - 6y_2, & y_2(0) = 2 \end{cases}$

(4) $\begin{cases} y_1' = 5y_1 + 3y_2, & y_1(0) = -2 \\ y_2' = -3y_1 - y_2, & y_2(0) = 3 \end{cases}$

問題 11.2 次の連立線形微分方程式の一般解を求めよ．

(1) $\begin{cases} y_1' = y_1 + y_2 - 4 \\ y_2' = 3y_1 - y_2 - 4 \end{cases}$

(2) $\begin{cases} y_1' = 2y_2 - 2\sin x \\ y_2' = -2y_1 + \cos x \end{cases}$

(3) $\begin{cases} y_1' = 3y_1 + y_2 + e^{2x} \\ y_2' = 4y_1 + 3y_2 + 7e^{2x} \end{cases}$

(4) $\begin{cases} y_1' = y_1 - 2y_2 + 4x \\ y_2' = 2y_1 + y_2 + 3x \end{cases}$

§12 行列の対角化の応用

行列の対角化と変数変換 §11 で示した通り，1 階連立線形微分方程式

$$\begin{cases} y_1' = a_{11}y_1 + a_{12}y_2 + f_1(x) \\ y_2' = a_{21}y_1 + a_{22}y_2 + f_2(x) \end{cases} \tag{12.1}$$

は

$$A = \begin{bmatrix} a_{11} & a_{12} \\ a_{21} & a_{22} \end{bmatrix}, \quad \boldsymbol{y} = \begin{bmatrix} y_1(x) \\ y_2(x) \end{bmatrix}, \quad \boldsymbol{f}(x) = \begin{bmatrix} f_1(x) \\ f_2(x) \end{bmatrix}$$

とおくと，

$$\frac{d\boldsymbol{y}}{dx} = A\boldsymbol{y} + \boldsymbol{f}(x)$$

と表される．

これからの学習の準備として，線形代数で学んだことを復習しておこう．

一般に，行列 A は適当な正則行列 P を選ぶことによって，$B = P^{-1}AP$ を簡単な行列にすることができる．ここでは，特に A が実対角化可能である，つまり B として実数成分の対角行列を取れる場合に限って話を進める．

行列 A が実対角化可能であるとき，A の固有方程式

$$|\lambda E - A| = 0 \quad \text{すなわち} \quad \lambda^2 - (a_{11} + a_{22})\lambda + (a_{11}a_{22} - a_{12}a_{21}) = 0$$

の解として得られる 2 つの実数の固有値 α, β があり，さらにそれらに対応する 2 つの 1 次独立な固有ベクトル $\boldsymbol{p} = \begin{bmatrix} p_1 \\ p_2 \end{bmatrix}, \boldsymbol{q} = \begin{bmatrix} q_1 \\ q_2 \end{bmatrix}$ があって，

$$A\boldsymbol{p} = \alpha\boldsymbol{p}, \quad A\boldsymbol{q} = \beta\boldsymbol{q}$$

が成り立つ．したがって，$P = [\ \boldsymbol{p} \ \ \boldsymbol{q}\ ] = \begin{bmatrix} p_1 & q_1 \\ p_2 & q_2 \end{bmatrix}$ とおくと

$$AP = A[\ \boldsymbol{p} \ \ \boldsymbol{q}\ ] = [\ A\boldsymbol{p} \ \ A\boldsymbol{q}\ ] = [\ \alpha\boldsymbol{p} \ \ \beta\boldsymbol{q}\ ] = P\begin{bmatrix} \alpha & 0 \\ 0 & \beta \end{bmatrix}$$

となるので，両辺に左から P^{-1} を掛けると

$$P^{-1}AP = \begin{bmatrix} \alpha & 0 \\ 0 & \beta \end{bmatrix}$$

が成り立つ．

§12 行列の対角化の応用

このように行列 A が実対角化可能な場合, 1 階連立線形微分方程式 (12.1) は変数変換によって, 単独の未知関数に関する 2 つの 1 階線形方程式に分解できることを示す.

そのために, x の新しい関数 $z_1(x)$, $z_2(x)$ を

$$\begin{bmatrix} z_1(x) \\ z_2(x) \end{bmatrix} = P^{-1} \begin{bmatrix} y_1(x) \\ y_2(x) \end{bmatrix} \quad \text{つまり} \quad \begin{bmatrix} y_1 \\ y_2 \end{bmatrix} = P \begin{bmatrix} z_1 \\ z_2 \end{bmatrix} = \begin{bmatrix} p_1 z_1 + q_1 z_2 \\ p_2 z_1 + q_2 z_2 \end{bmatrix}$$

によって定める. このとき, $\boldsymbol{z} = \begin{bmatrix} z_1(x) \\ z_2(x) \end{bmatrix}$ とおくと

$$\frac{d\boldsymbol{y}}{dx} = \frac{d}{dx} P\boldsymbol{z} = \frac{d}{dx} \begin{bmatrix} p_1 z_1 + q_1 z_2 \\ p_2 z_1 + q_2 z_2 \end{bmatrix} = \begin{bmatrix} p_1 z_1' + q_1 z_2' \\ p_2 z_1' + q_2 z_2' \end{bmatrix} = P \frac{d\boldsymbol{z}}{dx}$$

であるから, (12.1) を $z_1(x)$, $z_2(x)$ の方程式に変換すると

$$P \frac{d\boldsymbol{z}}{dx} = AP\boldsymbol{z} + \boldsymbol{f}(x)$$

となり, この両辺に左から P^{-1} を掛けると,

$$\frac{d\boldsymbol{z}}{dx} = P^{-1} AP \boldsymbol{z} + P^{-1} \boldsymbol{f}(x) \tag{12.2}$$

となる. ここで, $P^{-1}AP = \begin{bmatrix} \alpha & 0 \\ 0 & \beta \end{bmatrix}$ であるから, $P^{-1}\boldsymbol{f}(x) = \begin{bmatrix} g_1(x) \\ g_2(x) \end{bmatrix}$ とおくと, (12.2) は

$$\begin{cases} z_1' = \alpha z_1 + g_1(x) \\ z_2' = \beta z_2 + g_2(x) \end{cases} \tag{12.3}$$

となる. ここで, $f_1(x)$, $f_2(x)$ は与えられた関数であるから, $g_1(x)$, $g_2(x)$ は既知の関数であり, (12.3) の第 1 式, 第 2 式はそれぞれ $z_1(x)$, $z_2(x)$ についての単独の 1 階線形微分方程式である.

したがって, §3 で学んだように $z_1(x)$, $z_2(x)$ を求めることができ, さらに $\boldsymbol{y} = P\boldsymbol{z}$ により (12.1) の解 $y_1(x)$, $y_2(x)$ が求まることになる.

また, 初期値問題においても $y_1(x)$, $y_2(x)$ の初期条件と $\boldsymbol{z} = P^{-1}\boldsymbol{y}$ の関係から, $z_1(x)$, $z_2(x)$ の初期条件が得られることに注意する.

それでは，行列の対角化を利用して，1階連立線形微分方程式を解いてみよう．

例1. $\begin{cases} y_1' = -y_1 + 6y_2, & y_1(0) = 1 \\ y_2' = -2y_1 + 6y_2, & y_2(0) = 0 \end{cases}$

行列 $A = \begin{bmatrix} -1 & 6 \\ -2 & 6 \end{bmatrix}$ の固有方程式

$$|\lambda E - A| = (\lambda - (-1))(\lambda - 6) - (-6) \cdot 2 = 0$$

より固有値は $2, 3$ であり，対応する固有ベクトルとしてそれぞれ $\boldsymbol{p} = \begin{bmatrix} 2 \\ 1 \end{bmatrix}$, $\boldsymbol{q} = \begin{bmatrix} 3 \\ 2 \end{bmatrix}$ をとると，$P = \begin{bmatrix} 2 & 3 \\ 1 & 2 \end{bmatrix}$ となる．そこで

$$\boldsymbol{z} = P^{-1}\boldsymbol{y} \quad \text{つまり} \quad \begin{bmatrix} z_1(x) \\ z_2(x) \end{bmatrix} = \begin{bmatrix} 2y_1(x) - 3y_2(x) \\ -y_1(x) + 2y_2(x) \end{bmatrix}$$

とおく．このとき，$P^{-1}AP = \begin{bmatrix} 2 & 0 \\ 0 & 3 \end{bmatrix}$ であるから，(12.2) より $z_1(x), z_2(x)$ が満たす微分方程式は

$$\frac{d}{dx}\begin{bmatrix} z_1(x) \\ z_2(x) \end{bmatrix} = \begin{bmatrix} 2 & 0 \\ 0 & 3 \end{bmatrix}\begin{bmatrix} z_1(x) \\ z_2(x) \end{bmatrix} \quad \text{すなわち} \quad \begin{cases} z_1' = 2z_1 \\ z_2' = 3z_2 \end{cases}$$

である．また，$z_1(x), z_2(x)$ の初期条件は

$$\begin{cases} z_1(0) = 2y_1(0) - 3y_2(0) = 2 \\ z_2(0) = -y_1(0) + 2y_2(0) = -1 \end{cases}$$

であるから，

$$z_1(x) = 2e^{2x}, \quad z_2(x) = -e^{3x}$$

である．したがって，求める解 $y_1(x), y_2(x)$ は

$$\begin{bmatrix} y_1 \\ y_2 \end{bmatrix} = P\boldsymbol{z} = \begin{bmatrix} 2 & 3 \\ 1 & 2 \end{bmatrix}\begin{bmatrix} 2e^{2x} \\ -e^{3x} \end{bmatrix} = \begin{bmatrix} 4e^{2x} - 3e^{3x} \\ 2e^{2x} - 2e^{3x} \end{bmatrix}$$

である．

§12 行列の対角化の応用

例 2. $\begin{cases} y_1' = 3y_1 - 4y_2 - 2x + 1 \\ y_2' = 2y_1 - 3y_2 - x \end{cases}$

行列 $A = \begin{bmatrix} 3 & -4 \\ 2 & -3 \end{bmatrix}$ の固有方程式

$$|\lambda E - A| = 0 \quad \text{すなわち} \quad (\lambda - 3)(\lambda - (-3)) - 4 \cdot (-2) = 0$$

より固有値は $1, -1$ であり,対応する固有ベクトルとしてそれぞれ $\boldsymbol{p} = \begin{bmatrix} 2 \\ 1 \end{bmatrix}$,
$\boldsymbol{q} = \begin{bmatrix} 1 \\ 1 \end{bmatrix}$ をとると, $P = \begin{bmatrix} 2 & 1 \\ 1 & 1 \end{bmatrix}$ となる.そこで

$$\boldsymbol{z} = P^{-1}\boldsymbol{y} \quad \text{つまり} \quad \begin{bmatrix} z_1(x) \\ z_2(x) \end{bmatrix} = \begin{bmatrix} y_1(x) - y_2(x) \\ -y_1(x) + 2y_2(x) \end{bmatrix}$$

とおく.このとき, $P^{-1}AP = \begin{bmatrix} 1 & 0 \\ 0 & -1 \end{bmatrix}$ であり,

$$P^{-1} \begin{bmatrix} -2x + 1 \\ -x \end{bmatrix} = \begin{bmatrix} 1 & -1 \\ -1 & 2 \end{bmatrix} \begin{bmatrix} -2x + 1 \\ -x \end{bmatrix} = \begin{bmatrix} -x + 1 \\ -1 \end{bmatrix}$$

であるから, (12.2) より $z_1(x), z_2(x)$ が満たす微分方程式は

$$\frac{d}{dx} \begin{bmatrix} z_1(x) \\ z_2(x) \end{bmatrix} = \begin{bmatrix} 1 & 0 \\ 0 & -1 \end{bmatrix} \begin{bmatrix} z_1(x) \\ z_2(x) \end{bmatrix} + \begin{bmatrix} -x + 1 \\ -1 \end{bmatrix}$$

すなわち

$$\begin{cases} z_1' = z_1 - x + 1 \\ z_2' = -z_2 - 1 \end{cases}$$

である.これらの1階線形微分方程式の一般解は

$$z_1(x) = c_1 e^x + x, \quad z_2(x) = c_2 e^{-x} - 1 \quad (c_1, c_2 \text{ は任意定数})$$

である.したがって,求める解 $y_1(x), y_2(x)$ は

$$\begin{bmatrix} y_1 \\ y_2 \end{bmatrix} = P\boldsymbol{z} = \begin{bmatrix} 2 & 1 \\ 1 & 1 \end{bmatrix} \begin{bmatrix} c_1 e^x + x \\ c_2 e^{-x} - 1 \end{bmatrix} = \begin{bmatrix} 2c_1 e^x + c_2 e^{-x} + 2x - 1 \\ c_1 e^x + c_2 e^{-x} + x - 1 \end{bmatrix}$$

である.

対角化できない場合 1階連立線形微分方程式

$$\begin{cases} y_1' = a_{11}y_1 + a_{12}y_2 + f_1(x) \\ y_2' = a_{21}y_1 + a_{22}y_2 + f_2(x) \end{cases} \tag{12.1}$$

において，行列 $A = \begin{bmatrix} a_{11} & a_{12} \\ a_{21} & a_{22} \end{bmatrix}$ が対角化できないときの処理について考えてみよう．

この場合には，A の固有方程式 $|\lambda E - A| = 0$ は重解をもつが，対応する1次独立な固有ベクトルは1つしか存在しない．しかし，固有値を α とするとき，

$$A\boldsymbol{p} = \alpha\boldsymbol{p}, \qquad A\boldsymbol{q} = \alpha\boldsymbol{q} + \boldsymbol{p}$$

を満たす2つの1次独立なベクトル $\boldsymbol{p}, \boldsymbol{q}$ が存在し，$P = [\,\boldsymbol{p}\;\;\boldsymbol{q}\,]$ とおくとき

$$P^{-1}AP = \begin{bmatrix} \alpha & 1 \\ 0 & \alpha \end{bmatrix} \tag{12.4}$$

が成り立つ．これらの事実に関しては，線形代数の教科書を参照してほしい．

したがって，ここでも

$$\boldsymbol{z} = P^{-1}\boldsymbol{y} \quad \text{つまり} \quad \boldsymbol{y} = P\boldsymbol{z}$$

と変数変換して，(12.1) を $\boldsymbol{z} = \begin{bmatrix} z_1(x) \\ z_2(x) \end{bmatrix}$ に関する方程式に変換すると，やはり

$$\frac{d\boldsymbol{z}}{dx} = P^{-1}AP\boldsymbol{z} + P^{-1}\boldsymbol{f}(x)$$

が得られる．さらに，$P^{-1}\boldsymbol{f}(x) = P^{-1}\begin{bmatrix} f_1(x) \\ f_2(x) \end{bmatrix} = \begin{bmatrix} g_1(x) \\ g_2(x) \end{bmatrix}$ とおき，(12.4) に注意すると，この方程式から

$$\begin{cases} z_1' = \alpha z_1 + z_2 + g_1(x) \\ z_2' = \phantom{\alpha z_1 + {}} \alpha z_2 + g_2(x) \end{cases}$$

が得られる．

ここで，まず $z_2(x)$ についての単独の1階線形微分方程式である第2式を解き，その結果を第1式に代入すると，$z_1(x)$ に関する単独の1階線形微分方程式となるので解くことができる．さらに $\boldsymbol{y} = P\boldsymbol{z}$ により (12.1) の解 $y_1(x), y_2(x)$ が求まることになる．

§12 行列の対角化の応用

例 3. $\begin{cases} y_1' = y_1 + y_2, & y_1(0) = 1 \\ y_2' = -y_1 + 3y_2, & y_2(0) = 3 \end{cases}$

行列 $A = \begin{bmatrix} 1 & 1 \\ -1 & 3 \end{bmatrix}$ の固有方程式

$$|\lambda E - A| = 0 \quad \text{すなわち} \quad (\lambda - 1)(\lambda - 3) - (-1) \cdot 1 = 0$$

の固有値は 2 (重解) だけであり，対応する固有ベクトルとして $\boldsymbol{p} = \begin{bmatrix} 1 \\ 1 \end{bmatrix}$ をとり，ほかに $\boldsymbol{q} = \begin{bmatrix} 1 \\ 2 \end{bmatrix}$ をとると，

$$A\boldsymbol{p} = 2\boldsymbol{p}, \qquad A\boldsymbol{q} = 2\boldsymbol{q} + \boldsymbol{p}$$

が成り立ち，$P = \begin{bmatrix} 1 & 1 \\ 1 & 2 \end{bmatrix}$ とおくと，$P^{-1}AP = \begin{bmatrix} 2 & 1 \\ 0 & 2 \end{bmatrix}$ となる．そこで

$$\boldsymbol{z} = P^{-1}\boldsymbol{y} \quad \text{つまり} \quad \begin{bmatrix} z_1(x) \\ z_2(x) \end{bmatrix} = \begin{bmatrix} 2y_1(x) - y_2(x) \\ -y_1(x) + y_2(x) \end{bmatrix}$$

とおくと，$z_1(x), z_2(x)$ の満たす微分方程式は

$$\frac{d}{dx}\begin{bmatrix} z_1(x) \\ z_2(x) \end{bmatrix} = \begin{bmatrix} 2 & 1 \\ 0 & 2 \end{bmatrix}\begin{bmatrix} z_1(x) \\ z_2(x) \end{bmatrix} \quad \text{すなわち} \quad \begin{cases} z_1' = 2z_1 + z_2 \\ z_2' = 2z_2 \end{cases}$$

である．また，$z_1(x), z_2(x)$ の初期条件は

$$\begin{cases} z_1(0) = 2y_1(0) - y_2(0) = -1 \\ z_2(0) = -y_1(0) + y_2(0) = 2 \end{cases}$$

である．これより，$z_2(x) = 2e^{2x}$ であり，これを微分方程式の第 1 式に代入して $z_1(x)$ を求めると，$z_1(x) = -e^{2x} + 2xe^{2x}$ となる．したがって，求める解 $y_1(x), y_2(x)$ は

$$\begin{bmatrix} y_1 \\ y_2 \end{bmatrix} = P\boldsymbol{z} = \begin{bmatrix} 1 & 1 \\ 1 & 2 \end{bmatrix}\begin{bmatrix} -e^{2x} + 2xe^{2x} \\ 2e^{2x} \end{bmatrix} = \begin{bmatrix} (1+2x)e^{2x} \\ (3+2x)e^{2x} \end{bmatrix}$$

である．

演習問題

問題 12.1 次の連立線形微分方程式の初期値問題の解を求めよ．

（1）$\begin{cases} y_1' = 7y_1 - 6y_2, & y_1(0) = 5 \\ y_2' = 3y_1 - 2y_2, & y_2(0) = 4 \end{cases}$

（2）$\begin{cases} y_1' = -8y_1 - 10y_2, & y_1(0) = -3 \\ y_2' = 5y_1 + 7y_2, & y_2(0) = 1 \end{cases}$

（3）$\begin{cases} y_1' = -18y_1 - 30y_2, & y_1(0) = 10 \\ y_2' = 10y_1 + 17y_2, & y_2(0) = -6 \end{cases}$

（4）$\begin{cases} y_1' = -6y_1 + 4y_2, & y_1(0) = 0 \\ y_2' = -12y_1 + 8y_2, & y_2(0) = 1 \end{cases}$

問題 12.2 次の連立線形微分方程式の一般解を求めよ．

（1）$\begin{cases} y_1' = 4y_1 - 5y_2 - 13x + 13 \\ y_2' = 2y_1 - 3y_2 - 7x + 4 \end{cases}$

（2）$\begin{cases} y_1' = -5y_1 - 12y_2 + 4e^x \\ y_2' = 4y_1 + 9y_2 - 2e^x \end{cases}$

問題 12.3 問題 12.2 において，初期条件 $y_1(0) = 2$, $y_2(0) = -1$ を満たす解を求めよ．

問題 12.4 次の連立線形微分方程式の初期値問題の解を求めよ．

（1）$\begin{cases} y_1' = y_1 + 4y_2, & y_1(0) = 1 \\ y_2' = -y_1 + 5y_2, & y_2(0) = 0 \end{cases}$

（2）$\begin{cases} y_1' = -y_1 + y_2 + x - 1, & y_1(0) = 2 \\ y_2' = -4y_1 + 3y_2 + 3x - 3, & y_2(0) = 6 \end{cases}$

演習問題の解答

以下, $C, C_1, C_2, C_3, C_4, c_1, c_2$ は任意定数を表すものとする.

§2 (p. 16)

問題 2.1

(1) $y = \dfrac{1}{2}x^2 - x + C$ (2) $y = \dfrac{1}{2}e^{2x} + C$ (3) $y = Ce^x + 1$

(4) $y = -\log(C - x)$ (5) $y = \dfrac{1}{C - x^2}$ (6) $y^2 + 2y - x^2 = C$

(7) $y = Ce^{-x^2}$ (8) $y = Ce^{\frac{1}{2}x^2 + x} + 3$ (9) $y = Cx^2$

(10) $y = Cxe^x$ (11) $y^2 - 2x^2 = C$ (12) $y^2 + 1 = C(x^2 + 1)$

(13) $y = \dfrac{C}{\cos x}$ (14) $y = \log\{\log(e^x + 1) + C\}$

問題 2.2

(1) $y = 3e^{-x}$ (2) $y = -3e^{2x} + 2$ (3) $y = \dfrac{4}{1 - 4x}$

(4) $y = \log(x + 1)$ (5) $y = \sqrt{5 - x^2}$ (6) $y = 1 + \sqrt{2(x^2 + 1)}$

問題 2.3

(1) $y = \dfrac{2}{1 + e^{2x}}$

(2) $y = \dfrac{4}{2 - e^{2x}}$

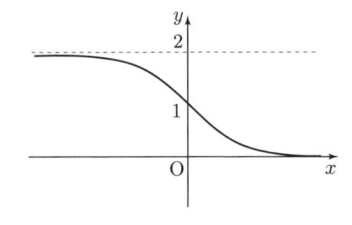

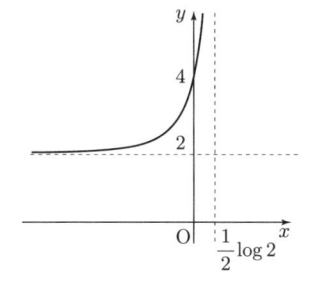

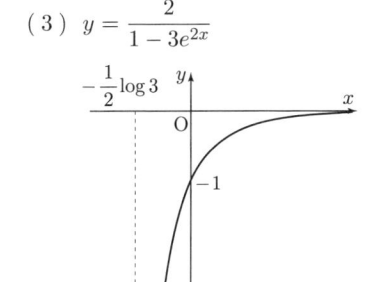

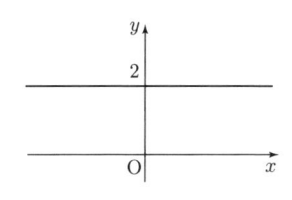

(3) $y = \dfrac{2}{1 - 3e^{2x}}$

(4) $y = 2$

問題 2.4

(1) $y = x(3\log x + C)$ (2) $y = Cx^2 - x$ (3) $y^2 + 2xy - x^2 = C$
(4) $(x-y)^2 = C(x+y)$ (5) $y^2 = x^2(2\log x + C)$ (6) $y + x(\log y - C) = 0$

§3 (pp. 25–26)

問題 3.1

(1) $y = Ce^{2x}$ (2) $y = Ce^{-3x}$
(3) $y = 2e^{3x} + Ce^{2x}$ (4) $y = \dfrac{1}{4}e^x + Ce^{-3x}$
(5) $y = (2x + C)e^{2x}$ (6) $y = (-4x + C)e^{-3x}$
(7) $y = -\dfrac{1}{2}e^x - \dfrac{1}{4}e^{-x} + Ce^{3x}$ (8) $y = e^{2x} - 2e^x + Ce^{-x}$
(9) $y = (x^2 + C)e^x$ (10) $y = (2x^2 - 3x + C)e^{-2x}$
(11) $y = -x - 1 + Ce^x$ (12) $y = 2x - 4 + Ce^{-2x}$
(13) $y = e^{2x}(-\cos x + C)$ (14) $y = e^{-3x}\left(\dfrac{1}{2}\sin 2x + C\right)$
(15) $y = \dfrac{1}{2}e^{3x}(\sin x - \cos x) + Ce^{2x}$ (16) $y = \dfrac{1}{5}e^{-2x}(\cos 2x + 2\sin 2x) + Ce^{-3x}$

問題 3.2

(1) $y = Ce^{2x} + 2x - 3$ (2) $y = Ce^{-2x} + x + 1$
(3) $y = Ce^{2x} - \dfrac{1}{2}x^2 - x - 2$ (4) $y = Ce^{-x} + 2x^2 - 1$
(5) $y = Ce^{3x} + 2\sin x$ (6) $y = Ce^{-3x} - 2\cos x + \sin x$
(7) $y = Ce^x - 3\cos 2x$ (8) $y = Ce^{-2x} + \cos 2x + \sin 2x$
(9) $y = Ce^{2x} - e^x$ (10) $y = Ce^{-2x} + 3e^{-x}$
(11) $y = (C + 3x)e^{2x}$ (12) $y = (C - 2x)e^{-2x}$

問題 3.3

(1) $y = 3e^{2x}$ (2) $y = -e^{2x}$ (3) $y = e^x + e^{-x}$
(4) $y = \dfrac{1}{2}(e^x - e^{-x})$ (5) $y = (x+1)e^x$ (6) $y = (x-2)e^{-2x}$

演習問題の解答

問題 3.4

(1) $y = x + \dfrac{C}{x}$ (2) $y = 2x^2 - x + \dfrac{C}{x}$ (3) $y = \dfrac{2x + \log x + C}{x}$

(4) $y = \dfrac{\log(x^2+1)+C}{x}$ (5) $y = x(2x - \log x + C)$ (6) $y = x(2e^{3x} + C)$

(7) $y = (x+2)\{3\log(x+2) + C\}$ (8) $y = (x+2)\{2x + \log(x+2) + C\}$

(9) $y = 2x + \dfrac{C}{\sqrt{x}}$ (10) $y = -2 + \dfrac{C}{\sqrt{x}}$

(11) $y = \dfrac{x^4 - x^3 + 2x^2 - 3x + C}{x^2+1}$ (12) $y = \dfrac{x^2 + 2\log x + C}{x^2+1}$

問題 3.5

(1) $y = 2x - 2 + \dfrac{C}{x}$ (2) $y = \dfrac{6}{5}x\sqrt{x} + \dfrac{C}{x}$ (3) $y = x(5\log x + C)$

(4) $y = x(3e^{-2x} + C)$ (5) $y = \dfrac{\log(x^2 + 2x + 2) + C}{x+1}$ (6) $y = \dfrac{xe^x + C}{x+1}$

(7) $y = (x^2+1)(2x + C)$ (8) $y = (x^2+1)\{2\log(x^2+1) + C\}$

(9) $y = \tan x + \dfrac{C}{\cos x}$ (10) $y = \dfrac{2\sin 2x - \cos 2x + 4x + C}{2\cos x}$

(11) $y = \dfrac{2}{\tan x} + \dfrac{C}{\sin x}$ (12) $y = -\dfrac{x}{\tan x} + 1 + \dfrac{C}{\sin x}$

問題 3.6

(1) $y = \dfrac{1}{Ce^{2x} - e^{3x}},\ y = 0$ (2) $y = \dfrac{1}{Ce^{2x} + x - 2},\ y = 0$

(3) $y^2 = \dfrac{1}{Ce^{2x} + 2x + 1},\ y = 0$ (4) $y^2 = x + \dfrac{C}{x}$

§4 (p. 30)

問題 4.1

完全微分形は (1), (3), (5), (6) だけである.

(1) $x^2 - 3xy + 2y^2 - x - 2y = C$ (3) $x^3 - 6xy + 2x^2 + y^3 + y^2 = C$

(5) $x\log y + 2\log x + 2y^2 = C$ (6) $e^{-x}\sin y = C$

問題 4.2

(1) $x^2 + y^2 = Cx$ (2) $\dfrac{x}{y} + \sin y = C$ (3) $x - \log x + y + \log y = C$

(4) $xy^2 + y^4 = C$ (5) $(x+y)^2(x-y) = C$ (6) $x - \dfrac{1}{x} - \dfrac{1}{y} = C$

§5 (p. 41)

問題 5.1

(1) $y = c_1 e^{-2x} + c_2 e^{-5x}$ (2) $y = c_1 e^{5x} + c_2 e^{-3x}$

(3) $y = e^{-2x}(c_1 \cos x + c_2 \sin x)$ (4) $y = (c_1 + c_2 x)e^{-3x}$

(5) $y = c_1 + c_2 e^{3x}$ (6) $y = c_1 e^{\sqrt{3}x} + c_2 e^{-\sqrt{3}x}$

(7) $y = c_1 \cos\sqrt{3}x + c_2 \sin\sqrt{3}x$ (8) $y = c_1 + c_2 x$

(9) $y = c_1 e^x + c_2 e^{-\frac{1}{3}x}$ (10) $y = (c_1 + c_2 x)e^{\frac{3}{2}x}$

問題 5.2

(1) $a=2, b=-3$; $y = c_1 e^x + c_2 e^{-3x}$

(2) $a=5, b=0$; $y = c_1 + c_2 e^{-5x}$

(3) $a=2, b=1$; $y = (c_1 + c_2 x)e^{-x}$

(4) $a=-6, b=10$; $y = e^{3x}(c_1 \cos x + c_2 \sin x)$

問題 5.3

(1) $2x^2 + 2x + 2$ (2) -6 (3) $-10e^{-x}$ (4) $4e^{6x}$ (5) $-3e^{-4x}$ (6) x^2

問題 5.4

区間 $(-\infty, \infty)$ において, $c_1 e^x + c_2 e^{2x} = 0$ (c_1, c_2 は定数) がつねに成立するとすれば, 特に $x=0, x=1$ のときにも成立しなければならないから, $c_1 + c_2 = 0$, $c_1 e + c_2 e^2 = 0$ すなわち $c_1 + c_2 e = 0$ より $c_1 = c_2 = 0$ となる. したがって, e^x と e^{2x} は1次独立である.

§6 (p. 49)

問題 6.1

(1) $y = 3e^x + e^{-4x}$ (2) $y = 2e^{2x} - 3e^{-2x}$

(3) $y = (2-x)e^{3x}$ (4) $y = e^{2x}(3\cos x + 4\sin x)$

(5) $y = (2-\sqrt{2})e^{(1+\sqrt{2})x} + (2+\sqrt{2})e^{(1-\sqrt{2})x}$ (6) $y = 2\cos 3x - 2\sin 3x$

問題 6.2

(1) $u_1(x) = \dfrac{4}{9}e^{5x} + \dfrac{5}{9}e^{-4x}, \quad u_2(x) = \dfrac{1}{9}e^{5x} - \dfrac{1}{9}e^{-4x}$

(2) $u(x) = \alpha_0 u_1(x) + \alpha_1 u_2(x) = \dfrac{4\alpha_0 + \alpha_1}{9}e^{5x} + \dfrac{5\alpha_0 - \alpha_1}{9}e^{-4x}$

問題 6.3

(1) $y = \sqrt{3}\cos 2x$ (2) $y = \sin 2x$ (3) $y = 2\sin\left(2x + \dfrac{\pi}{3}\right)$

問題 6.4

$E'(x) = 2y'y'' + 4yy' = 2y'(y'' + 2y) = 2y' \cdot 0 = 0$ であるから, $E(x)$ は定数であり, $E(x) = E(0) = 2^2 + 2 \cdot 3^2 = 22$ である.

§7 (p. 53)

問題 7.1

(1) 基本解 $e^x,\ e^{2x},\ e^{-2x}$ ロンスキー行列式 $W(e^x,\ e^{2x},\ e^{-2x})(x) = 12e^x$
一般解 $y = c_1 e^x + c_2 e^{2x} + c_3 e^{-2x}$

(2) 基本解 $e^x,\ xe^x,\ e^{-2x}$ ロンスキー行列式 $W(e^x,\ xe^x,\ e^{-2x})(x) = 9$
一般解 $y = (c_1 + c_2 x)e^x + c_3 e^{-2x}$

(3) 基本解 $e^{-x},\ xe^{-x},\ x^2 e^{-x}$
ロンスキー行列式 $W(e^{-x},\ xe^{-x},\ x^2 e^{-x})(x) = 2e^{-3x}$
一般解 $y = (c_1 + c_2 x + c_3 x^2)e^{-x}$

(4) 基本解 $1,\ e^{2x}\cos x,\ e^{2x}\sin x$
ロンスキー行列式 $W(1,\ e^{2x}\cos x,\ e^{2x}\sin x)(x) = 5e^{4x}$
一般解 $y = c_1 + e^{2x}(c_2 \cos x + c_3 \sin x)$

問題 7.2

(1) $y = c_1 e^x + c_2 e^{-x} + c_3 e^{2x} + c_4 e^{-2x}$ (2) $y = (c_1 + c_2 x)e^x + c_3 e^{-x} + c_4 e^{2x}$

(3) $y = (c_1 + c_2 x)e^x + (c_3 + c_4 x)e^{-x}$ (4) $y = (c_1 + c_2 x + c_3 x^2)e^x + c_4 e^{-x}$

(5) $y = (c_1 + c_2 x + c_3 x^2 + c_4 x^3)e^x$

(6) $y = c_1 e^x + c_2 e^{-x} + e^x(c_3 \cos 2x + c_4 \sin 2x)$

(7) $y = (c_1 + c_2 x + c_3 \cos 2x + c_4 \sin 2x)e^x$

(8) $y = c_1 \cos x + c_2 \sin x + c_3 \cos 2x + c_4 \sin 2x$

(9) $y = (c_1 + c_2 x)\cos x + (c_3 + c_4 x)\sin x$

§8 (p. 61)

問題 8.1

(1) $y = c_1 + c_2 e^{-x} + x^2 - 2x$

(2) $y = e^{-2x}(c_1 \cos 3x + c_2 \sin 3x) + \cos 3x + 3\sin 3x$

(3) $y = c_1 e^{6x} + c_2 e^{-2x} + e^{-3x}$

問題 8.2

(1) $\eta(x) = x^2 - 1$ (2) $\eta(x) = 2x^2 + 2x$

(3) $\eta(x) = -\dfrac{3}{5}\cos 2x - \dfrac{4}{5}\sin 2x$ (4) $\eta(x) = -x\cos x + 2x\sin x$

(5) $\eta(x) = -2e^{-x}$ (6) $\eta(x) = -\dfrac{1}{2}xe^x$

問題 8.3

(1) $(D^2 - 4D + 4)y = 0$ (2) $(D^2 - 4D + 5)y = 0$ (3) $(D^4 + 2D^2 + 1)y = 0$

問題 8.4

(1) $y = c_1 e^{-2x} + \left(c_2 - \dfrac{1}{2}x + x^2\right)e^{2x}$ (2) $y = \left(c_1 + c_2 x + \dfrac{1}{3}x^3\right)e^{2x}$

(3) $y = (c_1 + c_2 x)e^x + \dfrac{1}{2}e^{2x}\sin x$ (4) $y = e^{2x}\left(c_1 \cos x + c_2 \sin x + \dfrac{1}{2}x\sin x\right)$

(5) $y = c_1 \cos 2x + c_2 \sin 2x - \dfrac{2}{3}\cos x + x\sin x$

(6) $y = c_1 \cos x + c_2 \sin x + x\sin x - x^2 \cos x$

問題 8.5

(1) $y = e^x(c_1 \cos\sqrt{2}x + c_2 \sin\sqrt{2}x) + \dfrac{1}{2}e^x + \dfrac{1}{3}e^{2x}$

(2) $y = c_1 e^{2x} + (c_2 - x)e^x + \dfrac{1}{6}e^{-x}$

(3) $y = c_1 + c_2 e^{2x} + 2e^{3x} + 2\cos x - \sin x$

(4) $y = c_1 e^{2x} + c_2 e^{3x} + x + \dfrac{5}{6} + \dfrac{1}{3}e^{-x}$

(5) $y = c_1 + c_2 e^{2x} + x^2 + x + \cos 2x - \sin 2x$

(6) $y = c_1 e^{-x} + c_2 e^{-2x} + \cos x + 3\sin x - \cos 2x + 3\sin 2x$

演習問題の解答

§9 (p. 66)

問題 9.1

(1) $y = (c_1 + c_2 x + 4x^2)e^{3x}$ (2) $y = c_1 + (c_2 + x)e^x - (1 + e^x)\log(1 + e^x)$

(3) $y = (c_1 + c_2 x + x\log x)e^{-x}$ (4) $y = \left(c_1 + c_2 x + \dfrac{4}{3}x^{\frac{3}{2}}\right)e^x$

(5) $y = \left(c_1 + c_2 x + x\arctan x - \dfrac{1}{2}\log(1 + x^2)\right)e^{2x}$

(6) $y = \left(c_1 + c_2 x + \arctan x + \dfrac{1}{2}x\log(1 + x^2)\right)e^{2x}$

(7) $y = \left(c_1 + c_2 x - 3x^2 + 2x^2\log x\right)e^{-2x}$

(8) $y = \left(c_1 + c_2 x - \dfrac{7}{12}x^4 + x^4\log x\right)e^{-3x}$

(9) $y = \left(c_1 + c_2 x + \sqrt{1 - x^2} + x\arcsin x\right)e^x$

(10) $y = c_1\cos x + c_2\sin x + 1 + \cos^2 x$

問題 9.2

(1) $y = (2 - x)\cos x$ (2) $y = (x^2 - x + 2)e^x$ (3) $y = 2\sin 3x + 2\sin 2x$

(4) $y = -e^{2x} + 2(x + 1)e^{3x}$ (5) $y = e^x(2\cos 4x + \sin 4x) + 2e^{2x}$

§10 (p. 74)

問題 10.1

(1) $y = \dfrac{1}{x^2}(C_1 + C_2\log x)$ (2) $y = x\{C_1\cos(3\log x) + C_2\sin(3\log x)\}$

(3) $y = \dfrac{C_1}{x} + \dfrac{C_2}{x^2} + 2x$ (4) $y = x(C_1 + C_2\log x) + 4\sqrt{x}$

(5) $y = C_1\cos(2\log x) + C_2\sin(2\log x) + 4\log x$

(6) $y = C_1 x^2 + \dfrac{C_2}{x} + \dfrac{1}{3}x^2\log x$

問題 10.2

(1) $y = (C_1\log x + C_2)e^x$ (2) $y = \dfrac{C_1(x - 1)e^x + C_2}{x^2}$

(3) $y = C_1(x^2 - 1) + C_2 x$

問題 10.3

(1) $y = \dfrac{C_1 + C_2 e^{-x} + e^x}{x}$　　(2) $y = C_1(x+1) + C_2 e^x - x^2$

(3) $y = \left(\dfrac{1}{2}x^2 \log x + C_1 x^2 + C_2\right) e^x$

§11 (p. 81)

問題 11.1

(1) $\begin{cases} y_1 = 3e^{4x} + e^{2x} \\ y_2 = 3e^{4x} - e^{2x} \end{cases}$　(2) $\begin{cases} y_1 = -e^{3x}(2\cos x + \sin x) \\ y_2 = e^{3x}(\cos x - 2\sin x) \end{cases}$

(3) $\begin{cases} y_1 = 5e^{-x} - 2e^{-2x} \\ y_2 = 4e^{-x} - 2e^{-2x} \end{cases}$　(4) $\begin{cases} y_1 = (-2+3x)e^{2x} \\ y_2 = (3-3x)e^{2x} \end{cases}$

問題 11.2

(1) $\begin{cases} y_1 = c_1 e^{2x} + c_2 e^{-2x} + 2 \\ y_2 = c_1 e^{2x} - 3c_2 e^{-2x} + 2 \end{cases}$　(2) $\begin{cases} y_1 = c_1 \cos 2x + c_2 \sin 2x \\ y_2 = c_2 \cos 2x - c_1 \sin 2x + \sin x \end{cases}$

(3) $\begin{cases} y_1 = c_1 e^{5x} + c_2 e^x - 2e^{2x} \\ y_2 = 2c_1 e^{5x} - 2c_2 e^x + e^{2x} \end{cases}$　(4) $\begin{cases} y_1 = e^x(c_1 \cos 2x + c_2 \sin 2x) - 2x \\ y_2 = e^x(-c_2 \cos 2x + c_1 \sin 2x) + x + 1 \end{cases}$

§12 (p. 88)

問題 12.1

(1) $\begin{cases} y_1 = 3e^x + 2e^{4x} \\ y_2 = 3e^x + e^{4x} \end{cases}$　(2) $\begin{cases} y_1 = e^{2x} - 4e^{-3x} \\ y_2 = -e^{2x} + 2e^{-3x} \end{cases}$

(3) $\begin{cases} y_1 = 6e^{2x} + 4e^{-3x} \\ y_2 = -4e^{2x} - 2e^{-3x} \end{cases}$　(4) $\begin{cases} y_1 = 2e^{2x} - 2 \\ y_2 = 4e^{2x} - 3 \end{cases}$

問題 12.2

(1) $\begin{cases} y_1 = 5c_1 e^{2x} + c_2 e^{-x} + 2x - 4 \\ y_2 = 2c_1 e^{2x} + c_2 e^{-x} - x - 1 \end{cases}$　(2) $\begin{cases} y_1 = 2c_1 e^x + 3c_2 e^{3x} + 4xe^x \\ y_2 = -c_1 e^x - 2c_2 e^{3x} - 2xe^x \end{cases}$

問題 12.3

(1) $\begin{cases} y_1 = 10e^{2x} - 4e^{-x} + 2x - 4 \\ y_2 = 4e^{2x} - 4e^{-x} - x - 1 \end{cases}$　(2) $\begin{cases} y_1 = (2+4x)e^x \\ y_2 = (-1-2x)e^x \end{cases}$

問題 12.4

(1) $\begin{cases} y_1 = (1-2x)e^{3x} \\ y_2 = -xe^{3x} \end{cases}$　(2) $\begin{cases} y_1 = (1+2x)e^x + 1 \\ y_2 = (4+4x)e^x - x + 2 \end{cases}$

公 式 集

微分の公式

和差 $\{f(x) \pm g(x)\}' = f'(x) \pm g'(x)$ 定数倍 $\{c \cdot f(x)\}' = c \cdot f'(x)$

積 $\{f(x)g(x)\}' = f'(x)g(x) + f(x)g'(x)$

商 $\left\{\dfrac{f(x)}{g(x)}\right\}' = \dfrac{f'(x)g(x) - f(x)g'(x)}{g(x)^2}$ 特に $\left\{\dfrac{1}{g(x)}\right\}' = -\dfrac{g'(x)}{g(x)^2}$

合成関数 $\{f(g(x))\}' = f'(g(x))g'(x)$ すなわち $\dfrac{dy}{dx} = \dfrac{dy}{du}\dfrac{du}{dx}$

積分の公式

和差 $\displaystyle\int\{f(x) \pm g(x)\}\,dx = \int f(x)\,dx \pm \int g(x)\,dx$

定数倍 $\displaystyle\int\{c \cdot f(x)\}\,dx = c\int f(x)\,dx$

部分積分 $\displaystyle\int f(x)g'(x)\,dx = f(x)g(x) - \int f'(x)g(x)\,dx$

置換積分 $\displaystyle\int f(x)\,dx = \int f(g(t))g'(t)\,dt$ ただし $x = g(t)$

定積分 $F'(x) = f(x)$ のとき $\displaystyle\int_a^b f(x)\,dx = F(b) - F(a)$ (微分積分学の基本定理)

三角関数

三角関数の関係 $\sin^2 x + \cos^2 x = 1,\ \tan x = \dfrac{\sin x}{\cos x}$

加法定理 $\sin(\alpha \pm \beta) = \sin\alpha\cos\beta \pm \cos\alpha\sin\beta$
$\cos(\alpha \pm \beta) = \cos\alpha\cos\beta \mp \sin\alpha\sin\beta$

半角の公式 $\sin^2\dfrac{\theta}{2} = \dfrac{1}{2}(1 - \cos\theta),\quad \cos^2\dfrac{\theta}{2} = \dfrac{1}{2}(1 + \cos\theta)$

倍角の公式 $\sin 2\theta = 2\sin\theta\cos\theta,\quad \cos 2\theta = \cos^2\theta - \sin^2\theta$

微分公式 $(\sin x)' = \cos x,\qquad (\cos x)' = -\sin x,\qquad (\tan x)' = \dfrac{1}{\cos^2 x}$

$(\sin ax)' = a\cos ax,\quad (\cos ax)' = -a\sin ax,\quad (\tan ax)' = \dfrac{a}{\cos^2 ax}$

(a は定数)

積分公式 $\displaystyle\int \sin x\,dx = -\cos x + C,\qquad \int \sin ax\,dx = -\dfrac{1}{a}\cos ax + C$

$\displaystyle\int \cos x\,dx = \sin x + C,\qquad \int \cos ax\,dx = \dfrac{1}{a}\sin ax + C$

$\displaystyle\int \tan x\,dx = -\log|\cos x| + C,\quad \int \tan ax\,dx = -\dfrac{1}{a}\log|\cos ax| + C$

(a は 0 でない定数)

指数関数

指数法則 $e^{\alpha x} \cdot e^{\beta x} = e^{(\alpha+\beta)x}, \quad \dfrac{1}{e^{\alpha x}} = e^{-\alpha x}, \quad \dfrac{e^{\alpha x}}{e^{\beta x}} = e^{(\alpha-\beta)x}$

オイラーの公式 $e^{i\theta} = \cos\theta + i\sin\theta$

微分公式 $(e^x)' = e^x, \quad (e^{ax})' = ae^{ax} \quad (a\text{ は定数})$

積分公式 $\displaystyle\int e^x\,dx = e^x + C, \quad \int e^{ax}\,dx = \dfrac{1}{a}e^{ax} + C \quad (a\text{ は } 0\text{ でない定数})$

対数関数

指数関数との関係 $\log y = x \iff y = e^x, \quad e^{\log x} = x, \quad \log e^x = x$

対数法則 $\log MN = \log M + \log N, \quad \log\dfrac{M}{N} = \log M - \log N,$
$\log M^p = p\log M$

微分公式 $(\log x)' = \dfrac{1}{x}$

積分公式 $\displaystyle\int \log x\,dx = x\log x - x + C$

ベキ関数

指数法則 $x^\alpha \cdot x^\beta = x^{\alpha+\beta}, \quad \dfrac{1}{x^\alpha} = x^{-\alpha}, \quad \dfrac{x^\alpha}{x^\beta} = x^{\alpha-\beta}$

微分公式 $(x^\alpha)' = \alpha x^{\alpha-1}$

積分公式 $\displaystyle\int x^a\,dx = \dfrac{1}{a+1}x^{a+1} + C \quad (\text{ただし}, a\neq -1)$
$\displaystyle\int \dfrac{1}{x}\,dx = \log|x| + C$

逆三角関数

三角関数との関係 $y = \arcsin x \iff \sin y = x \quad (-1 \leqq x \leqq 1,\ -\dfrac{\pi}{2} \leqq y \leqq \dfrac{\pi}{2})$
$y = \arccos x \iff \cos y = x \quad (-1 \leqq x \leqq 1,\ 0 \leqq y \leqq \pi)$
$y = \arctan x \iff \tan y = x \quad (-\infty < x < \infty,\ -\dfrac{\pi}{2} < y < \dfrac{\pi}{2})$

逆三角関数の関係 $\arcsin x + \arccos x = \dfrac{\pi}{2}$

微分公式 $(\arcsin x)' = \dfrac{1}{\sqrt{1-x^2}}, \quad (\arctan x)' = \dfrac{1}{1+x^2}$

積分公式 $\displaystyle\int \arcsin x\,dx = x\arcsin x + \sqrt{1-x^2} + C$
$\displaystyle\int \arctan x\,dx = x\arctan x - \dfrac{1}{2}\log(1+x^2) + C$

有理関数・無理関数

部分分数展開
$$\frac{px+q}{(x-a)(x-b)} = \frac{A}{x-a} + \frac{B}{x-b}$$

$$\frac{px^2+qx+r}{(x-a)^2(x-b)} = \frac{A}{(x-a)^2} + \frac{B}{x-a} + \frac{C}{x-b}$$

$$\frac{px^2+qx+r}{(x-a)(x^2+bx+c)} = \frac{A}{x-a} + \frac{Bx+C}{x^2+bx+c} \quad (b^2-4c<0)$$

積分公式
$$\int \frac{1}{x-a}\,dx = \log|x-a| + C, \quad \int \frac{1}{x^2+a^2}\,dx = \frac{1}{a}\arctan\frac{x}{a} + C$$

$$\int \frac{1}{\sqrt{x^2+a}}\,dx = \log|x + \sqrt{x^2+a}| + C$$

$$\int \sqrt{x^2+a}\,dx = \frac{1}{2}\left(x\sqrt{x^2+a} + a\log|x+\sqrt{x^2+a}|\right) + C$$

$$\int \frac{1}{\sqrt{a^2-x^2}}\,dx = \arcsin\frac{x}{a} + C$$

$$\int \sqrt{a^2-x^2}\,dx = \frac{1}{2}\left(x\sqrt{a^2-x^2} + a^2\arcsin\frac{x}{a}\right) + C$$

いろいろな積分

$$\int \frac{f'(x)}{f(x)}\,dx = \log|f(x)| + C$$

$$\int e^{ax}\sin bx\,dx = \frac{1}{a^2+b^2}e^{ax}(a\sin bx - b\cos bx) + C$$

$$\int e^{ax}\cos bx\,dx = \frac{1}{a^2+b^2}e^{ax}(a\cos bx + b\sin bx) + C$$

$$\int x^n \log x\,dx = \frac{1}{n+1}x^{n+1}\log x - \frac{1}{(n+1)^2}x^{n+1} + C$$

2次行列 $A = \begin{bmatrix} a_{11} & a_{12} \\ a_{21} & a_{22} \end{bmatrix}$

固有値 α と固有ベクトル $\boldsymbol{p}$ $\quad A\boldsymbol{p} = \alpha\boldsymbol{p}$

固有多項式 $|\lambda E - A| = 0$ つまり $\lambda^2 - (a_{11} + a_{22})\lambda + a_{11}a_{22} - a_{12}a_{21} = 0$

対角化 固有値が相異なる2実数 α, β のとき,固有ベクトルをそれぞれ $\boldsymbol{p}, \boldsymbol{q}$ として $P = [\boldsymbol{p}\ \boldsymbol{q}]$ とおくと次が成り立つ.

$$P^{-1}AP = \begin{bmatrix} \alpha & 0 \\ 0 & \beta \end{bmatrix}$$

変数分離形微分方程式の解の公式

$y' = f(x)g(y)$ の解 $\displaystyle\int \frac{1}{g(y)}\, dy = \int f(x)\, dx + C$

$y' = f\left(\dfrac{y}{x}\right)$ の解 $\displaystyle\int \frac{1}{f(u) - u}\, du = \log|x| + C$ ここで $u = \dfrac{y}{x}$

1 階線形微分方程式の解の公式

$y' + ay = Q(x)$ の解 $y = e^{-ax}\left\{\displaystyle\int e^{ax} Q(x) dx + C\right\}$

$y' + P(x)y = Q(x)$ の解 $y = e^{-\int P(x)\, dx}\left\{\displaystyle\int Q(x) e^{\int P(x)\, dx}\, dx + C\right\}$

完全微分形微分方程式の解の公式

$M(x,y) + N(x,y)\dfrac{dy}{dx} = 0$ (ただし, $M_y(x,y) = N_x(x,y)$) の解

$$K(x,y) + \int L(y)\, dy = C$$

ここで, $K(x,y) = \displaystyle\int M(x,y)\, dx,\ L(y) = N(x,y) - \dfrac{\partial}{\partial y} K(x,y)$ である.

定数係数 2 階線形同次微分方程式の基本解

$y'' + ay' + by = 0$ の基本解 特性方程式 $\lambda^2 + a\lambda + b = 0$ の解を λ_1, λ_2 とする.

(i) λ_1, λ_2 が異なる 2 実数のとき $y_1 = e^{\lambda_1 x},\ y_2 = e^{\lambda_2 x}$

(ii) $\lambda_1 = \lambda_2$ (重解) のとき $y_1 = e^{\lambda_1 x},\ y_2 = x e^{\lambda_1 x}$

(iii) λ_1, λ_2 が共役な複素数 $p \pm qi$ のとき $y_1 = e^{px}\cos qx,\ y_2 = e^{px}\sin qx$

ロンスキー行列式 $W(y_1, y_2)(x) = \begin{vmatrix} y_1(x) & y_2(x) \\ y_1{'}(x) & y_2{'}(x) \end{vmatrix} = y_1(x) y_2{'}(x) - y_2(x) y_1{'}(x)$

定数係数 2 階線形非同次微分方程式の解の公式

$y'' + ay' + by = Q(x)$ の解

$$y = c_1 y_1(x) + c_2 y_2(x) - y_1(x) \int \frac{y_2(x) Q(x)}{W(y_1, y_2)(x)}\, dx + y_2(x) \int \frac{y_1(x) Q(x)}{W(y_1, y_2)(x)}\, dx$$

ここで, $y_1(x), y_2(x)$ は同次方程式 $y'' + ay' + by = 0$ の基本解である.

定数係数 n 階線形同次微分方程式の基本解

重複度 l の実数の特性根 α には l 個の関数
$$e^{\alpha x}, \ xe^{\alpha x}, \ \cdots, \ x^{l-1}e^{\alpha x}$$
を，また，重複度 m の虚数の特性根 $p \pm qi$ には $2m$ 個の関数
$$\begin{cases} e^{px}\cos qx, \ xe^{px}\cos qx, \ \cdots, \ x^{m-1}e^{px}\cos qx \\ e^{px}\sin qx, \ xe^{px}\sin qx, \ \cdots, \ x^{m-1}e^{px}\sin qx \end{cases}$$
をそれぞれ対応させることによって得られる n 個の関数

未定係数法

$y' + ay = Q(x)$ (ただし, $a \neq 0$) の特殊解の形

$Q(x) = Ax^d + Bx^{d-1} + \cdots$ の場合　$\eta(x) = kx^d + lx^{d-1} + \cdots + m$

$Q(x) = A\cos\alpha x + B\sin\alpha x$ の場合　$\eta(x) = k\cos\alpha x + l\sin\alpha x$

$Q(x) = Ae^{\beta x}$ の場合　$\begin{cases} \beta \neq -a \text{ のとき } \eta(x) = ke^{\beta x} \\ \beta = -a \text{ のとき } \eta(x) = kxe^{\beta x} \end{cases}$

$y'' + ay' + by = Q(x)$ の特殊解の形

$Q(x) = Ax^d + Bx^{d-1} + \cdots$ の場合

　　0 が特性方程式の解でないとき　$\eta(x) = kx^d + lx^{d-1} + \cdots + m$
　　0 が特性方程式の単解のとき　　$\eta(x) = x(kx^d + lx^{d-1} + \cdots + m)$
　　0 が特性方程式の重解のとき　　$\eta(x) = x^2(kx^d + lx^{d-1} + \cdots + m)$

$Q(x) = A\cos\alpha x + B\sin\alpha x$ の場合

　　$\pm\alpha i$ が特性方程式の解でないとき　$\eta(x) = k\cos\alpha x + l\sin\alpha x$
　　$\pm\alpha i$ が特性方程式の解のとき　　　$\eta(x) = x(k\cos\alpha x + l\sin\alpha x)$

$Q(x) = Ae^{\beta x}$ の場合

　　β が特性方程式の解でないとき　$\eta(x) = ke^{\beta x}$
　　β が特性方程式の単解のとき　　$\eta(x) = kxe^{\beta x}$
　　β が特性方程式の重解のとき　　$\eta(x) = kx^2 e^{\beta x}$

重ね合わせの原理

$\eta_1(x), \eta_2(x)$ がそれぞれ非同次方程式
$$y'' + ay' + by = Q_1(x), \qquad y'' + ay' + by = Q_2(x)$$
の解であるとき，定数 k_1, k_2 に対して $\eta(x) = k_1\eta_1(x) + k_2\eta_2(x)$ は非同次方程式
$$y'' + ay' + by = k_1 Q_1(x) + k_2 Q_2(x)$$
の解である．

索引

あ 行

1次従属 37
1次独立 37
1階線形微分方程式 20
一般解 1, 39, 51
陰関数の微分公式 27
オイラーの公式 33
オイラーの微分方程式 67

か 行

解 1
解曲線 4
階数 1
階数低下法 70
解の一意性 48
重ね合わせの原理 60
完全微分形 28
基本解 39, 50
求積法 9
行列の対角化 82
決定方程式 68
固有値 82
固有ベクトル 82

さ 行

重複度 50
初期条件 2, 12, 42
初期値問題 2, 12, 42
積分因子 20, 30
線形 32
線形微分作用素 32
線形微分方程式 32

た 行

全微分可能性 27
定数係数 31
定数係数1階線形微分方程式 17
定数係数1階連立微分方程式 75
定数係数n階線形同次微分方程式 50
定数変化法 22, 62
特殊解 1, 18, 54
特性根 36, 50
特性方程式 36, 50
同次形 14
同次方程式 18, 31

な 行

2階線形微分方程式 31

は 行

非同次方程式 18, 31
微分方程式 1
ベルヌーイの方程式 24
変数係数 31
変数係数2階線形微分方程式 67
変数分離形 9

ま 行

未定係数法 18, 56

や 行

余関数 54

ら 行

ロンスキアン 37, 52
ロンスキー行列式 37, 52

著者略歴

長崎憲一
（ながさき けんいち）

1970年	東京大学理学部数学科卒業
1977年	東京大学大学院理学系研究科 博士課程単位取得満期退学
現　在	元千葉工業大学教授，理学博士

主要著書
明解微分方程式（初版）（共著，培風館，1997）
明解微分積分（共著，培風館，2000）
明解複素解析（共著，培風館，2002）
明解線形代数（共著，培風館，2005）

中村正彰
（なかむら まさあき）

1968年	東京大学理学部数学科卒業
1971年	東京大学大学院理学系研究科 修士課程修了
現　在	日本大学理工学部教授，理学博士

主要著書
明解微分方程式（初版）（共著，培風館，1997）

横山利章
（よこやま としあき）

1983年	大阪大学理学部数学科卒業
1988年	広島大学大学院理学研究科博士 課程修了，理学博士
現　在	千葉工業大学教授

主要著書
明解微分積分（共著，培風館，2000）
明解複素解析（共著，培風館，2002）
明解線形代数（共著，培風館，2005）

Ⓒ 長崎憲一・中村正彰・横山利章　2003

1997年10月30日　初版発行
2003年 9 月 8 日　改訂版発行
2025年 3 月 3 日　改訂第25刷発行

明解微分方程式

著　者　長崎憲一
　　　　中村正彰
　　　　横山利章
発行者　山本　格
発行所　株式会社　培風館
東京都千代田区九段南4-3-12・郵便番号102-8260
電話(03)3262-5256(代表)・振替00140-7-44725

D.T.P. アベリー・三美印刷・牧 製本

PRINTED IN JAPAN

ISBN 978-4-563-01124-6　C3041